MÜNCHENER GEOGRAPHISCHE ABHANDLUNGEN

Reihe B

in

MÜNCHENER UNIVERSITÄTSSCHRIFTEN

FAKULTÄT FÜR GEOWISSENSCHAFTEN

Münchener Universitätsschriften

Fakultät für Geowissenschaften

MÜNCHENER GEOGRAPHISCHE ABHANDLUNGEN

REIHE B

Herausgegeben von
Prof. Dr. H. G. Gierloff-Emden und Prof Dr. F. Wilhelm
Schriftleitung: Dr. F.-W. Strathmann

Band B 2

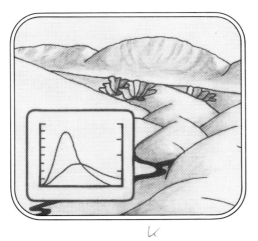

MICHAEL BECHT

Die Schwebstofführung der Gewässer im Lainbachtal bei Benediktbeuern/Obb.

Mit 110 Abbildungen und 13 Tafeln

1986

Institut für Geographie der Universität München

Kommissionsverlag: Nelles-Verlag, München

Rechte vorbehalten

Ohne ausdrückliche Genehmigung der Herausgeber ist es nicht gestattet, das Werk oder Teile daraus nachzudrucken oder auf photomechanischem Wege zu verfielfältigen.

Die Ausführungen geben Meinungen und Korrekturstand der Autoren wieder.

Ilmgaudruckerei, 8068 Pfaffenhofen/Ilm, Postfach 86

Anfragen bezüglich Drucklegung von wissenschaftlichen Arbeiten und Tauschverkehr sind zu richten an die Herausgeber im Institut für Geographie der Universität München, 8 München 2, Luisenstraße 37

Kommissionsverlag: Nelles-Verlag, München
Zu beziehen durch den Buchhandel
ISBN 3 88618 221 5

INHALT

Verzeichnis der Abbildungen — III

Verzeichnis der Tabellen — X

Vorwort — 1

1.	Einleitung	3
1.1	Erfahrungen mit Schwebstoffmessungen	3
1.2	Problemstellung	6
2.	Das Einzugsgebiet des Lainbaches	8
3.	Feld- und Laborarbeiten	15
3.1	Geländeuntersuchungen	15
3.2	Analysen im Laboratorium	21
4.	Quantitativer Schwebstoffaustrag und seine jahreszeitliche Differenzierung	22
4.1	Transportereignisse im Winterhalbjahr	22
4.1.1	Schneeschmelzabflüsse im Hoch- und Spätwinter	24
4.1.2	Schwebstoffaustrag während der Frühjahrsablation	37
4.1.2.1	Schneeschmelzabflüsse	37
4.1.2.2	Murgänge	44
4.1.3	Regeninduzierte Abflußereignisse während der Schneedeckenperiode	52
4.1.4	Schwebstofffrachten im Winter	56
4.1.4.1	Murgänge	57
4.1.4.2	Schwebstoffaustrag während der Schneeschmelzabflüsse	58
4.1.4.2.1	Der Tagesgang des Feststofftransportes	58
4.1.4.2.2	Die räumliche Differenzierung	59
4.1.4.2.3	Möglichkeiten der Berechnung des Feststoffaustrages	61
4.1.4.3	Schwebstoffaustrag durch Regenniederschläge im Winterhalbjahr	69
4.1.4.4	Die Schwebstofffracht im Winterhalbjahr	69
4.2	Exkurs: Morphodynamische Prozesse in den Erosionskesseln	71
4.2.1	Zur Entwicklung der Reißen	71
4.2.2	Rezente Abtragung	79
4.2.2.1	Das Abbrechen des Oberbodens	80
4.2.2.2	Murgänge und Rutschungen als Folge von Hangbewegungen in der Melcherreiße	82
4.2.3	Ursachen der räumlichen Differenzierung der Abtragungsprozesse in den Reißen des Lainbachtales	91

4.3	Schwebstoffaustrag im Sommerhalbjahr	94
4.3.1	Gewitterniederschläge	94
4.3.2	Zyklonale Niederschlagsereignisse	100
4.3.2.1	Schwebstoffaustrag bei Hochwasserabfluß	100
4.3.2.2	Die räumliche Differenzierung des Gesamtaustrages	108
4.3.3	Schwebstofffrachten im Sommerhalbjahr	116
4.3.3.1	Möglichkeiten der Berechnung des Schwebstoffaustrages	116
4.3.3.2	Die Schwebstofffracht des Lainbaches und seiner Quellbäche im Sommerhalbjahr	129
4.4	Jahresgang des Schwebstoffaustrages	138
4.4.1	Der Gesamtaustrag durch Schwebstofftransporte im Lainbach	138
4.4.2	Die jahreszeitliche Differenzierung des Schwebstoffaustrages	139
4.4.3	Schwebstoffspende und Gebietsabtrag	141
5.	Qualitative Aspekte des Schwebstoffaustrages	144
5.1	Der Anteil organischer Substanzen	144
5.1.1	Hochwasserabflüsse	144
5.1.2	Jahreszeitliche Differenzierungen	148
5.2	Granulometrie	151
5.2.1	Das Gerinnematerial	151
5.2.2	Korngrößenverteilung der Schwebstoffe	155
5.2.2.1	Jahreszeitliche Differenzierung	155
5.2.2.2	Die Korngrößenverteilung der Schwebstoffe in Hochwasserabflüssen im Sommerhalbjahr	159
5.2.2.3	Räumliche Differenzierung	171
5.3	Mineralische Inhaltstoffe	173
5.3.1	Räumliche Unterschiede in der Zusammensetzung der Hauptgemengeteile der Schwebstoffe	173
5.3.2	Veränderungen des Mineralbestandes der Schwebstoffe im Verlauf von Hochwasserabflüssen	180
5.4	Karbonatgehalt der Schwebstoffe	181
6.	Schlußbetrachtung	186
7.	Zusammenfassung	190
Literatur		193

Verzeichnis der Abbildungen

Abb. 1 :	Die geographische Lage des Untersuchungsgebietes	9
Abb. 2 :	Geologische Einheiten, Teileinzugsgebiete und hydrologische Ordnungen im Lainbachtal	10
Abb. 3 :	Feststoffherde in den Lockersedimenten des Lainbachtales	11
Abb. 4a:	Das Längsprofil des Lainbach i.e.S.	13
4b:	Das Längsprofil der Kotlaine	14
4c:	Das Längsprofil der Schmiedlaine	14
Abb. 5 :	Instrumentierung des Untersuchungsgebietes Lainbachtal	15
Abb. 6 :	Geschiebeablagerungen im Meßgerinne am Pegel Lainbach nach Hochwasserabfluß	19
Abb. 7 :	Eisbildung im Meßgerinne am Pegel Kotlaine im Januar 1985	20
Abb. 8 :	Die Gradtage der positiven Lufttemperatur im Frühjahr 1985 an der Station Eibelsfleck	23
Abb. 9 :	Tägliche Niederschlagssummen an der Station Eibelsfleck	23
Abb. 10 :	Die Schneerücklage im Winter 1984/85 im Lainbachtal bei Benediktbeuern	25
Abb. 11 :	Die Schwebstofführung an Kot- und Schmiedlaine sowie nach dem Zusammenfluß am Pegel Lainbach am 22.1.1985	26
Abb. 12 :	Der Anteil beschatteter Flächen im Hochwinter	27
Abb. 13 :	Beginn der Ausaperung der 17er Reiße am 21.1.1985	28
Abb. 14 :	Strahlungsexposition der großen Reißen im Lainbachtal	28
Abb. 15:	Die Schwebstofführung an Kot- und Schmiedlaine sowie nach dem Zusammenfluß am Lainbach am 26.2.1985	29
Abb. 16 :	Der Anteil beschatteter Flächen im Lainbachtal am 26.2.1985	31
Abb. 17 :	Die Schwebstofführung an Kot- und Schmiedlaine sowie am Lainbach im Spätwinter 1985	32
Abb. 18 :	Hysteresisschleifen der Schwebstoffkonzentration im Hochwinter und Spätwinter bei Schneeschmelzabfluß an Kot- und Schmiedlaine sowie am Lainbach	35
Abb. 19 :	Die Ganglinien des Schwebstoffes und des Abflusses im Hochwinter 1985 an Kot- und Schmiedlaine sowie nach dem Zusammenfluß am Lainbach	36

Abb.	20 :	Der Anteil beschatteter Flächen im Lainbachtal am 25.3.1985	38
Abb.	21 :	Die Ausaperung in der 17er Reiße am 31.3.1985 im Lainbachtal	39
Abb.	22 :	Die Schwebstofführung an Kot- und Schmiedlaine sowie nach dem Zusammenfluß am Lainbach während der Frühjahrsablation 1985	40
Abb.	23 :	Schwemmfächer an der Mündung der 16er Reiße in die Kotlaine im März 1985	40
Abb.	24 :	Die Änderung der Schwebstoffkonzentration im Abfluß im Längsprofil der Kotlaine und des Lainbaches i.e.S. während der Frühjahrsablation 1984	42
Abb.	25 :	Hysteresisschleifen der Schwebstoffkonzentration während der Frühjahrsablation bei Schneeschmelzabfluß an Kot- und Schmiedlaine sowie am Lainbach	43
Abb.	26 :	Die Ganglinien des Schwebstoffes und des Abflusses am Pegel Schmiedlaine während der Frühjahrsablation 1985	45
Abb.	27 :	Murgänge in der Melcherreiße im Lainbachtal am 4.4.1985	46
Abb.	28 :	Die Schwebstofführung am 3.4.1985 an der Melcherreiße, Kot- und Schmiedlaine sowie am Lainbach	47
Abb.	29 :	Ganglinien des Schwebstoffes und Abflusses am 3.4.1985 an Kotlaine und Melcherreiße sowie am Lainbach	48
Abb.	30 :	Zerstörung des Meßgerinnes an der Melcherreiße durch Murgänge	49
Abb.	31 :	Ganglinien des Schwebstoffes und des Abflusses während der Murgänge an Kot- und Schmiedlaine sowie am Lainbach	50
Abb.	32 :	Die Schwebstofführung an Kot- und Schmiedlaine sowie am Lainbach während der Murgänge am 4.4.1985	51
Abb.	33 :	Niederschlagsintensität an der Station Eibelsfleck am 23./24.1.1985	53
Abb.	34 :	Die Schwebstofführung an Kot- und Schmiedlaine sowie am Lainbach am 23.1.1985	53
Abb.	35 :	Die Schwebstofführung an Kot- und Schmiedlaine sowie am Lainbach am 23./24.1.1985	54
Abb.	36 :	Die Verteilung des Niederschlags im Lainbachtal am 23.1.1985	55
Abb.	37 :	Jahressummen der Niederschläge in den hydrologischen Jahren 1972-1985 an der Station Eibelsfleck	56

Abb. 38 :	Die Beziehung der Schwebstoffkonzentration zum Abfluß bei Schneeschmelzabflüssen am Pegel Schmiedlaine	63
Abb. 39 :	Die Beziehung der Schwebstoffkonzentration zum Abfluß bei Schneeschmelzabflüssen am Pegel Kotlaine	64
Abb. 40 :	Die Beziehung der Schwebstoffkonzentration zum Abfluß bei Schneeschmelzabflüssen am Pegel Lainbach	65
Abb. 41 :	Die Beziehung des Schwebstoffaustrags während eines Schneeschmelzereignisses zum erreichten Spitzenabfluß	66
Abb. 42 :	Der Zusammenhang zwischen der Summe der täglichen Globalstrahlung und der Schwebstofffracht bei Schneeschmelzabflüssen	68
Abb. 43a:	Der Anteil der vegetationslosen Flächen im Bereich der Lockersedimente der Talverfüllung im Lainbachtal	73
Abb. 43b:	Die Vegetationsbedeckung in der Melcherreiße	74
Abb. 44a:	Die Melcherreiße nach der ersten technischen Verbauung im Jahre 1895	75
Abb. 44b:	Die Melcherreiße im Jahre 1909	76
Abb. 45 :	Die Melcherreiße im Jahre 1983	77
Abb. 46 :	Vegetationsbedeckung vor der technischen und ingenieurbiologischen Verbauung der 16er und 17er Reiße	78
Abb. 47 :	Vegetationsbedeckung in der 17er Reiße im Jahre 1985 im Lainbachtal	79
Abb. 48a:	Abbruch einer Erdscholle an der Anrißkante der Melcherreiße im Lainbachtal	81
Abb. 48b:	Erdscholle als zusammenhängender Block nach dem Abrutschen in den Reißenkessel	81
Abb. 49 :	Große Zugrisse am Oberhang der Melcherreiße im Juli 1984	82
Abb. 50 :	Lage der Profillinie der Hangvermessung an der Oberkante der Melcherreiße im Lainbachtal	83
Abb. 51 :	Vermessung der Hangbewegungen in der Melcherreiße in den Jahren 1984 und 1985	84
Abb. 52 :	Schematische Darstellung des Hangprofils der Melcherreiße	85
Abb. 53a:	Der Oberhang der Melcherreiße am 30.9.1985 nach kräftiger Absenkung des Rutschungskomplexes	85
Abb. 53b:	Erdgang nach kräftiger Hangbewegung am Oberhang der Melcherreiße	86
Abb. 54 :	Austretender Interflow am Oberhang der Melcherreiße nach Regenniederschlägen	87

Abb. 55 :	Längsprofil der Melcherreiße und des Melcherbaches bis zur Mündung in die Kotlaine	90
Abb. 56 :	Längsprofil der 17er Reiße von der Abbruchkante bis zur Mündung in die Kotlaine	91
Abb. 57 :	Erosion des während der Murgänge im Melcherbach akkumulierten Materials nach Regenniederschlägen	93
Abb. 58 :	Die Niederschlagsverteilung im Lainbachtal am 16.8.1984	95
Abb. 59 :	Ganglinien des Schwebstoffes und des Abflusses am 16.8.1984 an Kot- und Schmiedlaine sowie am Lainbach	96
Abb. 60a:	Die Niederschlagsverteilung im Lainbachtal am 16.8.1985	97
Abb. 60b:	Die Intensität der Niederschläge an einzelnen Meßstationen im Lainbachtal am 16.8.1985	97
Abb. 61 :	Die Ganglinien des Schwebstoffes und des Abflusses am 16.8.1985 an Kot- und Schmiedlaine sowie am Lainbach	99
Abb. 62 :	Die Ganglinien des Schwebstoffes und des Abflusses an Kot- und Schmiedlaine sowie am Lainbach am 23.6.1984	101
Abb. 63 :	Hysteresisschleifen der Schwebstoffkonzentration am 23.6.1984 an Kot- und Schmiedlaine sowie am Lainbach	102
Abb. 64 :	Die Ganglinien des Schwebstoffes und des Abflusses am 1.7.1985 an Kot- und Schmiedlaine sowie am Lainbach	103
Abb. 65 :	Hysteresisschleifen der Schwebstoffkonzentration am 1.7.1985 an Kot- und Schmiedlaine sowie am Lainbach	104
Abb. 66 :	Hysteresisschleifen der Schwebstoffkonzentration am 16.9.1984 an Kot- und Schmiedlaine sowie am Lainbach	104
Abb. 67 :	Ganglinien des Schwebstoffes und des Abflusses an Kot- und Schmiedlaine sowie am Lainbach am 11./12.8.1984	106
Abb. 68 :	Die Niederschlagsintensitäten am 11./12.8.1984 an der Station Kohlstatt	108
Abb. 69 :	Der Beschirmungsgrad durch den Baumbestand im Lainbachtal, Stand 1973	111
Abb. 70 :	Die Veränderung der Schwebstoffkonzentration im Verlauf von Kotlaine und Lainbach i.e.S. am 16.9.1984	114
Abb. 71 :	Die Veränderung der Schwebstoffkonzentration im Verlauf von Kotlaine und Lainbach i.e.S. am 24.6.1984	115

Abb. 72 : Die Beziehung Abfluß-Schwebstoffkonzen- 116
tration während sommerlicher Hochwasserabflüsse am Pegel Kotlaine 1984 und 1985

Abb. 73 : Die Beziehung Abfluß-Schwebstoffkonzen- 118
tration während der Hochwasserabflüsse
im Sommerhalbjahr am Pegel Kotlaine

Abb. 74 : Die Beziehung Abfluß-Schwebstoffkonzen- 119
tration während der Hochwasserabflüsse
im Sommerhalbjahr am Pegel Schmiedlaine

Abb. 75 : Die Beziehung Abfluß-Schwebstoffkonzen- 120
tration während der Hochwasserabflüsse
im Sommerhalbjahr am Pegel Lainbach

Abb. 76a: Die Beziehung Schwebstofffracht-Spitzen- 123
abfluß nach Regenniederschlägen am
Pegel Schmiedlaine

Abb. 76b: Die Beziehung Schwebstofffracht-Spitzen- 124
abfluß nach Regenniederschlägen am
Pegel Kotlaine

Abb. 76c: Die Beziehung Schwebstofffracht-Spitzen- 125
abfluß nach Regenniederschlägen am
Pegel Lainbach

Abb. 77a: Niedrigwasserabfluß am Pegel Lainbach 126
Abb. 77b: Hochwasserabfluß am Pegel Lainbach 126

Abb. 78 : Vergleich der Regressionsgeraden für die 128
Beziehung Schwebstofffracht-Spitzenabfluß
an den Pegeln Schmiedlaine, Kotlaine und
Lainbach

Abb. 79 : Der monatliche Schwebstoffaustrag im 130
Sommerhalbjahr im Lainbachtal

Abb. 80 : Monatliche Niederschlagssummen in den hydro- 131
logischen Jahren 1984 und 1985

Abb. 81 : Die Häufigkeitsverteilung regeninduzier- 132
ter Hochwasserspitzen am Pegel Kotlaine
im Sommerhalbjahr

Abb. 82 : Der Schwebstoffaustrag im Lainbachtal in 135
den Jahren 1972-1985

Abb. 83 : Vergleich der Spitzenabflüsse am Pegel 136
Lainbach mit der Summe der Abflüsse der
Teilgebiete Kotlaine und Schmiedlaine

Abb. 84 : Die Monatssummen des Schwebstoffaustrags 138
in den Monaten April bis November im Zeitraum 1972-1985 am Pegel Lainbach

Abb. 85 : Die Ganglinien von Schwebstoffführung, Ab- 145
fluß und Glühverlust am 23.6.1984 an Kot-
und Schmiedlaine sowie am Lainbach

Abb. 86 : Die Ganglinien von Schwebstoffkonzentration, 146
Abfluß und Glühverlust am 23.6.1984 an Kot-
und Schmiedlaine sowie am Lainbach

Abb.	87	: Glühverlust des Schwebstoffes in einzelnen Korngrößenklassen am 16.8.1985	147
Abb.	88	: Die Ganglinien von Schwebstoffkonzentration, Abfluß und Glühverlust am 16.9.1984 an Kot- und Schmiedlaine sowie am Lainbach	149
Abb.	89	: Der Jahresgang des Glühverlustes der Schwebstoffe im Niedrigwasserabfluß im Lainbachtal	150
Abb.	90	: Das Korngrößenspektrum des Gerinnematerials am 18.4.1985	153
Abb.	91	: Das Korngrößenspektrum des Gerinnematerials am 18.11.1985	154
Abb.	92	: Die Korngrößenverteilung der Schwebstoffe bei Schneeschmelzabfluß im Hochwinter am Pegel Kotlaine	155
Abb.	93	: Die Korngrößenzusammensetzung der Schwebstoffe bei Schneeschmelzabfluß während der Frühjahrsablation am Pegel Lainbach	156
Abb.	94	: Die Korngrößenzusammensetzung der Schwebstoffe nach Murgängen während der Frühjahrsablation an der Kotlaine	157
Abb.	95	: Das Korngrößenspektrum der Schwebstoffe in regeninduzierten Hochwasserabflüssen im Hochwinter	158
Abb.	96	: Korngrößenzusammensetzung der Schwebstoffe in sommerlichen Hochwasserabflüssen an Kotlaine und Lainbach	158
Abb.	97	: Der Anteil des Grobschwebs am Schwebstofftransport der Kotlaine während einzelner Hochwasserereignisse im Sommerhalbjahr	160
Abb.	98	: Der Anteil des Grobschwebs an der Schwebstofführung extremer Hochwasserabflüsse	161
Abb.	99	: Die Änderung der Korngrößenzusammensetzung der Schwebstoffe im Verlauf eines Hochwasserereignisses	162
Abb.	100	: Die Änderung der Korngrößenzusammensetzung der Schwebstoffe im Verlauf des Hochwasserereignisses vom 6.8.1985 an Kot- und Schmiedlaine sowie am Lainbach	166
Abb.	101	: Die Niederschlagsintensität am 6./7.8.1985 an der Station Eibelsfleck	168
Abb.	102	: Die Korngrößenzusammensetzung der Schwebstoffe im Abfluß nach Gewitterschauern an Kotlaine und Lainbach	170
Abb.	103	: Röntgendiffraktometerdiagramm des Mineralbestandes der Schwebstoffe im Melcherbach	174
Abb.	104	: Röntgendiffraktometeranalyse der Schwebstoffe in Schneeschmelzabflüssen am Beispiel der Kotlaine	174

Abb. 105 : Röntgendiffraktometeranalyse der Schweb- 175
stoffe im Abfluß der Schmiedlaine am
6.9.1984

Abb. 106 : Röntgendiffraktometeranalyse der Schweb- 176
stoffe zum Zeitpunkt maximaler Schwebstoffführung am 11./12.8.1984 an Kot- und
Schmiedlaine sowie am Lainbach

Abb. 107 : Änderung der Mineralzusammensetzung in Ab- 178
hängigkeit von der Korngröße der Schweb-
stoffe am Lainbach

Abb. 108 : Röntgendiffraktomesteranalyse nach Aufbe- 179
reitung der Minerale der Tonfraktion im
Schwebstoff des Lainbaches am 11.8.1984

Abb. 109 : Veränderung der Mineralzusammensetzung des 182
Schwebstoffes im Verlauf eines Hochwasserereignisses

Abb. 110 : Der Einfluß einer Rutschung im Bereich der 183
Schmiedlaine auf die Mineralzusammensetzung
der Schwebstoffe am Pegel Lainbach

Verzeichnis der Tabellen

Tab. 1 : Messungen der Schwebstoffkonzentration im Querprofil an drei Pegeln bei unterschiedlichen Konzentrationen   18

Tab. 2 : Spitzenwerte der Schwebstoffkonzentration in den Gewässern des Lainbachtales im Hoch- und Spätwinter   34

Tab. 3 : Mittlere relative Spannweiten der Tagesgänge der Schwebstoffkonzentration und des Abflusses während winterlicher Schneeschmelzperioden   59

Tab. 4 : Der mittlere Anteil der Teileinzugsgebiete am Schwebstoffaustrag im Lainbachtal während der Schneeschmelze   60

Tab. 5 : Der mittlere Anteil der Teileinzugsgebiete am Schwebstoffaustrag im Lainbachtal im Sommerhalbjahr   109

Tab. 6 : Die Schwebstoffspende während der Hochwasserereignisse im Sommerhalbjahr 1984 und 1985   110

Tab. 7 : Die Neigungsverhältnisse in den Teileinzugsgebieten im Lainbachtal   112

Tab. 8 : Anteil des maximalen Abflußereignisses am Gesamtaustrag (April - November)   133

Tab. 9 : Die Korngrößenzusammensetzung der Schwebstoffe während der Murgänge im April 1985   156

Tab. 10 : Ton- und Schluffanteile der Schwebstoffe   171

Tab. 11 : Mineralbestand der Schwebstoffe in der Tonfraktion   177

Tab. 12 : Karbonatgehalt der Schwebstoffe am 17.9.1984   184

Tab. 13 : Der Karbonatgehalt des Feinschwebs bei unterschiedlichen Transportbedingungen im Lainbachgebiet   185

Vorwort

Die Anregung zu der vorliegenden Arbeit erhielt ich von Herrn Prof. Dr. F. Wilhelm. Für die Unterstützung bei den Geländearbeiten und in klärenden Gesprächen möchte ich ihm herzlich danken.

Die Geländearbeiten zur Untersuchung der Schwebstofführung des Lainbaches begannen im April 1984 anschließend an die intensive Erforschung der klimatologischen und hydrologischen Grundlagen im Einzugsgebiet im Rahmen des Sonderforschungsbereiches 81, Teilprojekt A2 "Abfluß in Wildbächen".

Das Forstamt in Bad Tölz schuf die Voraussetzungen für die Geländearbeiten mit der Gewährung der Fahrerlaubnis auf den Forststraßen und durch die Erlaubnis zur Benutzung der forsteigenen Diensthütte.

Die Wetterbeobachter und Mitarbeiter des Meteorologischen Observatoriums Hohenpeißenberg des Deutschen Wetterdienstes und besonders Herr Dipl. Met. P. Lang gaben jederzeit auch außerhalb der Dienstzeiten Auskunft über die aktuelle Wetterentwicklung. Nur durch ihren Einsatz war es mit Hilfe des Wetterradars möglich, Niederschlagsereignisse und besonders Gewitterregen rechtzeitig vorherzusagen und zu beproben.

Das Wasserwirtschaftsamt in Weilheim, vor allem dessen Leiter, Herr Baudirektor A. Kupfer, sowie Herr Wagner, Leiter der Flußmeisterstelle in Benediktbeuern, waren stets bereit, mich bei den Geländearbeiten mit Rat und Tat zu unterstützen.

Wertvolle Hinweise erhielt ich ferner durch die Mitarbeiter von Prof. Dr. F. Wilhelm, Herrn Dr. K. Priesmeier und Herrn Dipl. Geogr. O. Wagner. Bei den Analysen im Laboratorium konnte ich mich auf die Ratschläge und tatkräftige Hilfe von Herrn Skoda stets verlassen.
Herr. Dr. Snethlage ermöglichte die Mineralanalysen am Röntgen-

diffraktometer des Landesamtes für Denkmalpflege in München. Die Auswertung der Meßergebnisse erfolgte in Zusammenarbeit mit Herrn cand. rer. nat. Chr. v. Haustein am Leibnitzrechenzentrum.

Nicht zuletzt möchte ich die jederzeit konstruktive Zusammenarbeit im Gelände auch während ungewöhnlicher Tageszeiten und Witterungsbedingungen mit Herrn Dipl. Geogr. D. Graser erwähnen.

Ohne meine Mitarbeiterin, Frau M. Kopp, die mich bei den Geländearbeiten, im Laboratorium und bei der Auswertung unterstützte, wäre diese Arbeit nicht möglich gewesen.
Die Deutsche Forschungsgemeinschaft ermöglichte die Untersuchungen durch eine großzügige Förderung.

Ihnen allen möchte ich an dieser Stelle herzlich danken.

Mein Dank gilt ebenfalls den Herausgebern der Münchener Geographischen Abhandlungen für die Aufnahme der Arbeit in die Veröffentlichungsreihe.

1. Einleitung

1.1 Erfahrungen mit Schwebstoffmessungen

Schon im letzten Jahrhundert zählten Schwebstoffmessungen zum Repertoire geographischer Forschungen. Mit Hilfe von Untersuchungen der Schlammführung in Gletscherbächen versuchte A. PENCK (1882) die Frage zu beantworten, ob die Erosionsleistung der Gletscher größer sei als diejenige der Flüsse. Seine Ergebnisse beruhen allerdings, wie schon E. GOGARTEN (1909) bemerkt, auf einer sehr geringen Datenbasis. Die Messungen wurden von DOLLFUSS-AUSSET im Jahre 1844 am Unteraargletscher vorgenommen. Insgesamt schöpfte er 16 Liter Wasser in 24 Stunden und gab den Feststoffgehalt nur als Gesamtsumme von 2,275 g an.

Die gegen Ende des 19. Jahrhunderts und zu Beginn des 20. Jahrhunderts bereits zahlreich durchgeführten Schwebstoffmessungen hatten zum Ziel, den Abtrag des Festlandes durch die Quantifizierung des aquatischen Materialtransportes zu bestimmen. Bei C. W. SCHMIDT (1919) findet sich schon eine Zusammenstellung der Schlammführung (alte Bezeichnung für Schwebstoffe) europäischer und außereuropäischer Flüsse und der daraus errechneten Abtragungsbeträge im Einzugsgebiet.

Bei der Verwendung älterer Daten muß allerdings berücksichtigt werden, daß die Messungen weniger dicht waren und bei der Auswertung großzügiger verfahren wurde. F. H. WEIß (1972) kommt daher zu dem Schluß, daß die Schwebstoffmessungen an bayerischen Flüssen bis 1948 für statistische Auswertungen nicht verwendet werden sollten.
Wie G. PETTS und J. FOSTER (1985) anhand von Vergleichen verschiedener Untersuchungen gleicher Einzugsgebiete nachweisen, hängt die Güte der Abschätzung des Sedimentaustrags entscheidend von der Anzahl der verfügbaren Schwebstoffmessungen ab.

Praktische Anwendungen fanden Schwebstoffmessungen schon früh im Zusammenhang mit dem Bau der ersten Stauhaltungen. Die

Kontrolle des Stoffeintrags, der Verlandung der Stauräume und
die Möglichkeit der Einflußnahme auf diese Prozesse sollten
dabei untersucht werden (z.B. H. BAUMHACKL, 1975, J. CLASEN
und H. BERNHARDT, 1983).
Der Einfluß von Nutzungsänderungen auf den Feststoffaustrag
landwirtschaftlich genutzter Einzugsgebiete steht im Mittelpunkt weiterer Spezialarbeiten (S. DEMUTH und W. MAUSER, 1981;
B. WOHLRAB et al., 1983; M. JARABÁC und A. CHLEBEK, 1984).
Neben diesen Feldarbeiten wurde besonders in den fünfziger
und sechziger Jahren auf dem Gebiet der technischen Hydraulik
das Problem des Feststofftransportes durch Experimente in
Laboratorien genauer untersucht (W. KRESSER, 1964; J. ZELLER,
1963; G. PICKUP, 1981). Während für den Geschiebetransport
(Geschiebe ist die in der Flußkunde verwendete Bezeichnung für
Geröll in der Geomorphologie) in einem Fließgewässer schon früh
Möglichkeiten der Berechnung gefunden wurden (H. A. EINSTEIN,
1950), konnte der Schwebstofftransport bisher rechnerisch nicht
befriedigend quantifiziert werden. Die Übertragung der Ergebnisse
von Laboratoriumsuntersuchungen auf kleine Einzugsgebiete ist
nur bedingt möglich, da die Versuche meist von einer sandigen
Gerinnesohle konstanter Rauhigkeit ausgehen (F. ISEYA, 1984,
U. ZANKE, 1982, G. PICKUP, 1981), während im Bachbett eines
Wildbaches starke Turbulenzen aufgrund wesentlich höherer Rauhigkeit des Gerinnes auftreten.

Ab Mitte der sechziger Jahre traten Felduntersuchungen wieder
stärker in den Vordergrund (C. F. NORDIN und J. P. BEVERAGE,
1965, D. E. WALLING, 1974, R. E. FAYE et al.,1980 u.a.). Mit
Hilfe vermehrter Probennahmen einerseits und Einsatz technischer
Hilfsmittel andererseits (automatische Probenentnahme, Trübungsmeßgeräte) wurde die Schwebstofführung vieler Flüsse
während einzelner Hochwasserereignisse gemessen. Man wollte
die schon früh beobachtete Abhängigkeit des Feststofftransportes von der Abflußmenge in einer mathematischen Beziehung
ausdrücken, die es erlaubt, auch für nicht beprobte Abflußereignisse aus der registrierten Abflußganglinie auf die
Schwebstofführung zu schließen. Es zeigte sich jedoch, daß

die Menge der in einem Gewässer transportierten Feststoffe
von vielen Einflüssen abhängt: wechselnde Niederschlagsintensitäten, der Einfluß verschiedener Teileinzugsgebiete, Dauer
der Niederschlagsperiode, Hystereseeffekte im Verhältnis des
Abflusses zur Schwebstoffkonzentration.

Die in den Untersuchungen an verschiedenen Fließgewässern
ermittelten Beziehungen zwischen dem Abfluß und der Schwebstoffkonzentration sind jeweils nur für das Gebiet gültig,
in dem die Messungen stattfanden. Außerdem zeigen sie eine
so große Streuung, daß sie nur mit Vorbehalt verwendet werden
können (D. E. WALLING, 1977, 1978, J. MANGELSDORF und K.
SCHEUERMANN, 1980). Die Berechnungen des monatlichen Schwebstoffaustrags auf der Basis dieser Beziehungen (D. E. WALLING,
1977) führte zu einer Überschätzung der wirklichen Fracht von
z.T. mehreren 100 %. Die Suche nach einer adäquaten Möglichkeit, die Vielzahl der Einflüsse auf den Schwebstoffaustrag
rechnerisch zu erfassen, ist bisher noch ohne befriedigenden
Erfolg geblieben. Die Extrapolation auf nicht beobachtete Zeiträume scheint daher nicht sinnvoll zu sein.

Auch die Trübungsmessungen haben bisher nicht zu einer Lösung
des Problems geführt, da eine starke Abhängigkeit von der
Korngrößenzusammensetzung der Schwebstoffe, die sich gerade
bei kleinen Einzugsgebieten rasch ändert, besteht (J. BURZ,
1971; H. ENGELSING und K.-H. NIPPES, 1979, vgl. auch 3.1).
Nach D.E. WALLING (1977) und G. PICKUP (1981) sollten die
Untersuchungen zum Schwebstoffaustrag speziell in kleinen Einzugsgebieten trotz des hohen Personalaufwandes intensiviert
werden. Eine Überlagerung von Abflüssen aus Teileinzugsgebieten unterschiedlicher geologischer Einheiten, wie sie
bei großen Flüssen in der Regel auftritt, kann so reduziert
bzw. genauer analysiert werden. Außerdem ist davon auszugehen,
daß die Verteilung der Niederschläge in kleinen Einzugsgebieten homogener ist, obwohl auch dort bei sommerlichen
Starkregen große Schwankungen zu erwarten sind (F. WILHELM, 1975).

1.2 Problemstellung

Mit der vorliegenden Untersuchung wird versucht, den rezenten Schwebstoffaustrag aus einem randalpinen Wildbacheinzugsgebiet zu quantifizieren und seine qualitativen Änderungen zu erfassen.

Der fluviale Abtrag ist nach H. JÄCKLI (1958) der wichtigste Abtragsfaktor in den Alpen. Durch gravitative Massenbewegungen wird dagegen nur sehr wenig Material (<1 %) transportiert. Beim fluvialen Stofftransport ist zwischen dem Gelösten und den Feststoffen zu unterscheiden. Feststoffe sind nach DIN 4049 die vom Wasser fortbewegten oder abgelagerten festen Stoffe (ausgenommen Eis). Zu trennen sind dabei Schwimmstoffe, die auf dem Wasser schwimmen, Schwebstoffe, die mit dem Wasser im Gleichgewicht stehen oder durch Turbulenz in Schwebe gehalten werden und Geschiebe, das sich an der Gerinnesohle fortbewegt.

Bisher durchgeführte Untersuchungen zum Feststoffaustrag aus Wildbacheinzugsgebieten im alpinen Raum beziehen sich meist auf die Vermessung von Stauräumen (A. LAMBERT et al., 1983; W. SCHRÖDER und Chr. TEUNE, 1984). Eine Trennung von Schwebstoffen und Geschiebe ist dann nicht notwendig, da nur die Summe der Feststoffe bestimmt wird. Die Aufteilung in die beiden Komponenten kann nach der Ablagerung durch Siebanalysen erfolgen. Die Dynamik des Abflusses von Wildbächen ist so aber nur unzureichend zu erfassen.
Die in der Literatur angegebenen oberen Grenzwerte für die Korngrößen der Schwebstoffe schwanken zwischen 0,2 mm und 1 mm als maximaler Größe (J. MANGELSDORF und K. SCHEUERMANN, 1980). Diese Grenzwerte wurden aber an Flüssen ermittelt, die sich von einem Wildbach hinsichtlich Gefälle, Rauhigkeit der Sohle, Konzentrationszeit und Fließgeschwindigkeit deutlich unterscheiden.
Die noch in Schwebe gehaltene Korngröße ist abhängig von der Fließgeschwindigkeit und der Turbulenz, die bei extremen Hochwasserereignissen in Wildbächen sehr stark ansteigt. Grobe Be-

standteile, die bei "normalen" Abflüssen an der Gerinnesohle
transportiert werden, können dann zeitweise auch als Schwebstoff fortbewegt werden.
Man unterscheidet daher zwischen suspended load und wash load
(F. ISEYA, 1984). Wash load bleibt kontinuierlich in Schwebe
und wird mit der Geschwindigkeit des Abflusses transportiert
(R. J. CHORLEY et al., 1984), während suspended load nur zeitweise als Schweb bewegt wird und daher eine langsamere Geschwindigkeit als der Abfluß aufweist. Im Gegensatz zur wash
load ist die suspended load nicht homogen im Querschnitt des
Baches verteilt. Zur Gerinnesohle steigt die Konzentration
stark an. Mit bed load werden die immer an der Gerinnesohle
transportierten Feststoffe bezeichnet.

Für die Untersuchungen im Lainbachtal wurde daher davon ausgegangen, daß die im Probennahmebehälter aufgefangenen Feststoffe als Schwebstoffe gemäß DIN 4049 aufzufassen sind, unabhängig von der Korngröße. Es wird also wash load und suspended
load gemeinsam gemessen.

Auf die sicher wünschenswerte Bestimmung des Geschiebetriebes
mußte verzichtet werden, da keine praktikable Meßmethode für
die Quantifizierung des laufenden Geschiebes im Lainbach unter
Beachtung der finanziellen Möglichkeiten gefunden wurde. Der
Bau einer Sedimentfalle sprengt bei der zu erwartenden Menge
der Feststoffe den Rahmen.
Die Quantifizierung des Geschiebetriebes wird daher Aufgabe
künftiger Forschungen sein müssen.
N. SOMMER (1980, S. 83) kommt zu dem Schluß, daß "bei der Feststofffracht von Gebirgsbächen die Schwebstoffe den Hauptteil
ausmachen". Der Vergleich des Gewichtsverhältnisses in einigen
Bächen der Ostalpen in Abhängigkeit von der Geologie des
Einzugsgebietes zeigt, daß "Schwebstoffmessungen zur groben
Beurteilung der Geschiebeführung herangezogen werden können".

In der nachfolgenden Darstellung der Untersuchungsergebnisse
werden die jahreszeitlichen und räumlichen Unterschiede der
Schwebstofführung in dem nivopluvialen Abflußregime des Lainbaches herausgearbeitet. Die Grundlage bildet die quantitative
und qualitative Analyse des Schwebstoffaustrags einzelner

Hochwasserereignisse im Verlauf der Jahre 1984 und 1985.
Es wird eine einfache Methode entwickelt, um die jährliche
Schwebstofffracht aus einzelnen beprobten Abflußereignissen,
genauer als es bisher in vergleichbaren Untersuchungen
möglich ist, zu berechnen. Mit Hilfe der 14jährigen Meßreihe
der Abflußpegel im Lainbachtal wird dann der mittlere rezente
Schwebstoffaustrag pro Jahr errechnet werden.
Darüberhinaus wird die Veränderung der Erosionsanrisse durch
die photogrammetrische Auswertung neuester Luftbilder im
Vergleich mit alten Karten für einen Zeitraum von 120 Jahren
untersucht.

2. Das Einzugsgebiet des Lainbaches

Das Lainbachtal bei Benediktbeuern/Obb. liegt im Gebiet der
Kocheler Berge, die der naturräumlichen Einheit der schwäbisch-
oberbayrischen Voralpen angehören (C. RATHJENS, 1957). Der
Lainbach ist ein rechter Zubringer der Loisach.
Das aus den geologischen Einheiten Flyschzone, Allgäu- und
Lechtaldecke aufgebaute Einzugsgebiet wurde 1971 im Rahmen der
Internationalen Hydrologischen Dekade als Repräsentativgebiet
zur Erforschung des Wasserhaushaltes in dieser Region einge-
richtet (A. HERRMANN et al., 1973). Für die Untersuchung geo-
morphologischer Fragen im Einzugsgebiet stehen somit die hydro-
logisch-klimatologischen Grundlagen bereit.
Das 18,8 km² große Einzugsgebiet des Lainbaches erstreckt sich
über ein Höhenintervall von 1125 m. Aufgrund der benutzten
Pegel setzt es sich aus drei Teileinzugsgebieten zusammen
(Abb. 2, morphometrische Daten aus O. WAGNER, 1985, S. 65).
Den Norden und Osten entwässert die Kotlaine (6,2 km²), den
Süden und Südwesten die Schmiedlaine (9,4 km²). Die Teileinzugsgebiete unterscheiden sich durch Strahlungs- und Windexposi-
tionen, Hangneigung, das geologische Substrat und durch die
Abflußcharakteristiken voneinander.
Das Einzugsgebiet der Schmiedlaine ist zweigeteilt. Der hochge-
legene südliche Teil (mittlere Höhe 1366 m ü.NN) im Bereich der
verkarstungsfähigen Wettersteinkalke entwässert durch Karstwege.

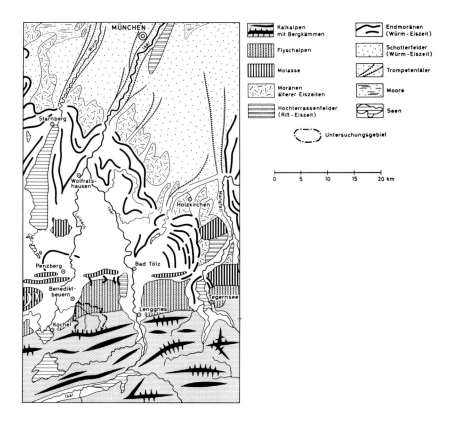

Abbildung 1: Die geographische Lage des Untersuchungsgebietes (A. HERRMANN et. al., 1973)

Trotz der hohen Niederschläge im Stau der E-W streichenden, steil aufragenden Karrückwände von Glas- und Benediktenwand tritt dort kaum Oberflächenabfluß auf (Abb. 2).
Der untere Teil des Einzugsgebietes der Schmiedlaine befindet sich im Bereich von Allgäudecke und Flyschzone. Diese tektonischen Einheiten wurden im Lainbachtal bis zu einer Höhe von etwa 1020 m ü.NN durch pleistozäne Stausedimente verschüttet, die infolge der Verbauung des Talausganges durch den vorstoßenden Loisachgletscher entstanden. Trotz der starken spät- und postglazialen Ausräumung dieser Lockersedimente

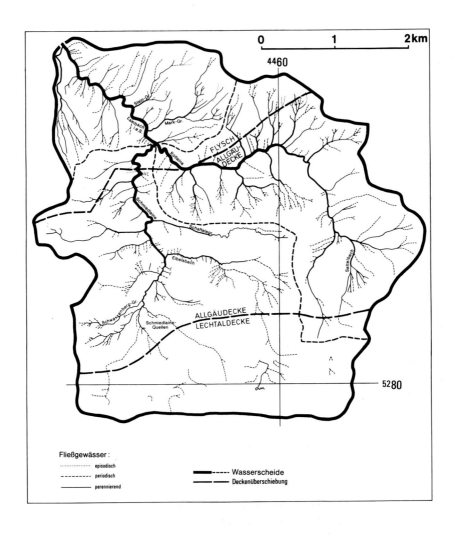

Abbildung 2: Geologische Einheiten, Teileinzugsgebiete und hydrologische Ordnungen im Lainbachtal (nach M. VOGEL, 1981)

sind im Südteil des Lainbachtales noch größere Reste dieser Verfüllung in Form einer Verebnung erhalten. Darüber sind Moränen der Lokalgletscher sowie des Ferneises abgelagert. Diese Lockersedimente sind besonders erosionsgefährdet, so daß sich dort große, gegenwärtig noch aktive Feststoffherde bilden konnten (Abb. 3). Die Kotlaine entwässert den größten Teil der noch vorhandenen Stausedimente. Hinzu kommen die nördlich gelegenen Flyschberge und die im Osten des Tales anstehenden Gesteine der Allgäudecke. Die hohe Flußdichte weist auf die schlechte Wasserwegigkeit der Gesteine im Einzugsgebiet der Kotlaine hin.

Abbildung 3: Feststoffherde in den Lockersedimenten des Lainbachtales (Luftbild 1983, freigegeben durch d. Reg. v. Obb. Nr. G/7 89359)

Der Lainbach i.e.S. fließt ausschließlich im Bereich der Flyschzone. Die dort ebenfalls im Pleistozän abgelagerten Lockersedimente sind bis auf spärliche Reste erodiert.

Die Bachläufe selbst haben sich tief in die Stausedimente eingeschnitten und so heute den präquartären Untergrund erreicht. Sie sind als Wildbäche anzusprechen. Nach KRONFELLNER-KRAUS (1974, S. 312) wird in Anlehnung an M. J. MESSINNES (1964) und P. MARGAROPOULOS (1960, FAO/EFC) unter einem Wildbach ein "kleiner, zeitweilig oder ständig steil abwärts führender Wasserlauf mit heftigen plötzlich hohen Wasserständen, dessen Wasserabfluß bzw. Feststofftransport große Schwankungen ausweist", verstanden. Die Größe des Einzugsgebietes wird mit bis zu 100 km² angegeben.
G. BUNZA et al. (1976) differenzieren Wildbäche weiter nach der Art der Feststoffherde und ihrer anthropogenen Beeinflußbarkeit. Danach zählt der Lainbach zu Wildbächen mit expansiven Feststoffherden, deren Abfluß und Abtrag beeinflußbar ist.
Die weitere Tiefen- und Lateralerosion wird bei der Kotlaine und im Lainbach i.e.S. durch die nach dem 2. Weltkrieg begonnene und bis heute fortgesetzte Wildbachverbauung weitgehend verhindert. Die Verminderung des Gefälles (Abb. 4) durch die Sohlschwellen bewirkt eine Verringerung der Fließgeschwindigkeit und somit auch der Transportkraft der Gewässer für Feststoffe. Die Schmiedlaine ist bisher nicht verbaut worden.

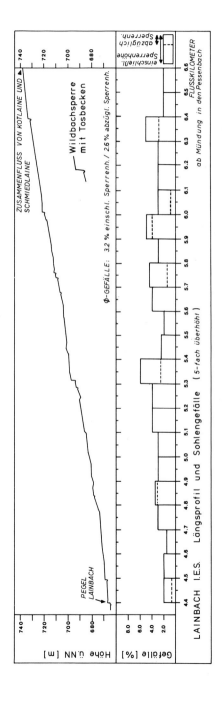

Abbildung 4 a: Das Längsprofil des Lainbaches i.e.S.
(Geländeaufnahme des Wasserwirtschaftsamtes Weilheim, 1984)

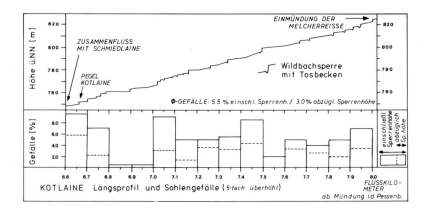

Abbildung 4 b: Das Längsprofil der Kotlaine
(Geländeaufnahme des Wasserwirtschaftsamtes Weilheim, 1984)

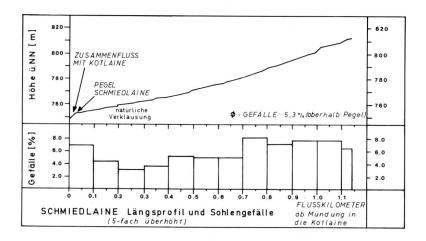

Abbildung 4 c: Das Längsprofil der Schmiedlaine
(eigene Vermessung, 1985)

3. Feld- und Laborarbeiten

3.1 Geländeuntersuchungen

Die Wartung des im Verlauf des SFB 81, A2 aufgebauten klimatologischen und hydrologischen Meßnetzes (Abflußpegel, Niederschlagsschreiber, Klimahütten, Abb. 5) erfolgte wöchentlich

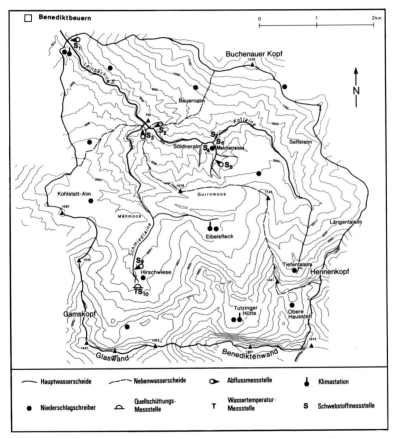

Abbildung 5: Instrumentierung des Untersuchungsgebietes Lainbachtal

Schwebstoffmeßstellen:
S 1: Pegel Lainbach
S 2: Pegel Kotlaine
S 3: Pegel Schmiedlaine
S 4: Söldneralm
S 6: Mündung Melcherreiße
S 7: Kotlaine vor der Mündung Melcherreiße
S 8: Pegel Melcherreiße
S 9: Schmiedlaine Brücke
S10: Schmiedlaine Quelle

einmal. Die Abflußmeßstelle an der "Melcherreiße" (S 8) ist im
Rahmen der laufenden Untersuchungen neu eingerichtet worden,
um den Abfluß und Feststoffaustrag aus der größten Reiße
(= großer Erosionsanriß) im Lainbachtal zu quantifizieren.

Rutschungen in den Reißen wurden photographiert und mit einfachen Hilfsmitteln (Bandmaß, Nivelliergerät, Horizontglas,
Neigungswinkelmesser) vermessen, die Lage abgegangener Erdströme durch farbige Steine markiert.
Während der Schneedeckenperiode ist an vier Lokalitäten
wöchentlich die Änderung der Schneerücklage durch Sondenmessungen bestimmt worden.

Zur Ermittlung der Schwebstoffkonzentration (g/m^3) im Ablauf
von Hochwasserereignissen wurden Wasserproben geschöpft.
Der Einsatz photoelektrischer Trübungsmesser erschien hier
nicht sinnvoll. Bisherige Erfahrungen zeigen, daß sowohl die
nach dem Reflexionsverfahren als auch die nach dem Extinktionsprinzip arbeitenden Geräte keine Umrechnung der Trübungswerte
in Schwebstoffkonzentrationen mit ausreichender Genauigkeit erlauben. Die wesentliche Ursache der Schwierigkeiten liegt in
der korngrößenabhängigen Extinktion bzw. Streuung des Lichts
(H. ENGELSING, 1981; F. H. WEIß, 1981). Grobe Sedimente lassen
mehr Licht hindurchtreten als feinere Schwebstoffe. Daher
haben H. ENGELSING und K. H. NIPPES (1979) ansteigende und
fallende Wasserstände getrennt analysiert. Für jede Jahreszeit
wurden zwei Eichgeraden (fallende, steigende Wasserstände) für
die Beziehung Trübung/Schwebstoffkonzentration ermittelt. Die
auf dieser Basis durchgeführten Vergleiche der berechneten mit
den gemessenen Schwebstoffkonzentrationen ergaben eine wesentliche Verbesserung der Annäherung. Es ist allerdings fraglich,
ob sich die Ergebnisse der Messungen in einem Mittelgebirgsfluß auf einen alpinen Wildbach übertragen lassen.
Folgende Probleme sind zu bedenken:

- aufwendige, teure Stromversorgung an verschiedenen Meßstellen wäre einzurichten (Störanfälligkeit, vgl. A. LAMBERT
  et al., 1983).

- Anbringung einer Leitung zum Abpumpen an einer repräsentativen Stelle im Gerinne (Schutz bei starkem Geschiebetrieb).

- Versanden der Pumpen
- hohe Konzentrationsschwankungen bei begrenztem Meßbereich der Geräte.
- langwierige Eichphase
- Probleme, die sich aus einer Trennung der Eichkurven nach Jahreszeiten während des Übergangs von einer Kurve zur nächsten ergeben.
- Kostenaufwand der Geräte bei mehreren Meßstellen.

Die manuelle Probennahme erfolgte im Lainbachtal an sechs Pegelorten und an weiteren Lokalitäten (Abb. 5) jeweils im Stromstrich mit zwei bzw. drei Meter langen Stangen, an denen 1 Liter-Weithalsplastikflaschen befestigt waren. Durch Absenken des Entnahmegerätes -Flaschenöffnung stromaufwärts- von der Wasseroberfläche bis minimal 10 cm über die Gerinnesohle (bei starken Hochwasserabflüssen bis 15 cm über Grund) wird vertikal integriert, d.h. mögliche Konzentrationsschwankungen in der Vertikalen werden erfaßt. Die Zunahme des Grobschwebgehaltes mit Annäherung an die Gerinnesohle ist für große Hochwasserabflüsse vielfach beschrieben worden (A. BARRAGE, 1979; J. MANGELSDORF und K. SCHEUERMANN, 1980 u.a.). Bei mittleren Hochwasserereignissen ist der Schwebstoff dagegen nahezu homogen im Querschnitt verteilt (A. BARRAGE, 1979). Die im Entnahmegefäß aufgefangenen Feststoffe gelten unabhängig von ihrer Korngrößenzusammensetzung als Schwebstoffe (vgl. hierzu S. 7). Eine Trennung der Anteile verschiedener Tiefenstufen ist nicht möglich. Für den Einsatz von Entnahmegeräten, die eine vertikale Differenzierung ermöglichen, fehlte eine geeignete Meßbrücke. Der Fehler, der durch eine individuell unterschiedliche Geschwindigkeit des Absenkens oder zu langes Verweilen des Entnahmegerätes in der Strömung - über die Füllzeit hinaus - entstehen kann, läßt sich durch genaue Absprachen unter den beteiligten Personen reduzieren.

Horizontale Differenzierungen im Bachquerschnitt treten bei der starken turbulenten Durchmischung im Wildbach während der beprobten Hochwasserabflüsse nicht auf. Testmessungen (Tab. 1) ergaben eine höhere Schwankung der Schwebstoffkonzentration im Niedrigwasserbereich sowohl im Querschnitt als auch bei zeitgleich im Stromstrich entnommenen Proben.

Tab.1: Messungen der Schwebstoffkonzentration im Querprofil (n=5) an drei Pegeln bei unterschiedlichen Konzentrationen (1 = Niedrigwasserabfluß, 2 = Hochwasserabfluß)

Pegel	mittlere Schwebstoffkonz. (g/m^3)	Standardabweichung (g/m^3)	Variabilitätskoeffizienten (%)
Schmiedlaine (1)	0,4	0,56	134,3[1]
Lainbach (1)	4,6	0,82	18,0
Kotlaine (1)	32,3	1,94	6,0
Schmiedlaine (2)	130,2	3,42	2,6
Lainbach (2)	1177,7	13,6	1,2

1) Da die benutzten Blaubandfilter nach dem Trocknen wieder hygroskopisch reagieren, ist hierin die Hauptursache der extremen Streuung zu suchen.

Die Variabilitätskoeffizienten nehmen mit steigenden Schwebstoffkonzentrationen ab.
Eine Querschnittbeprobung während großer Hochwasserereignisse ist infolge fehlender Meßbrücken nicht möglich.
Aufgrund der zu erwartenden geringen Fehler wurde die Probennahme bei Hochwasserabflüssen von anfangs drei auf eine Probe pro Entnahmezeitpunkt reduziert. Die Variabilitätskoeffizienten lagen bei drei Proben in der Größenordnung von 1 - 4 %. Damit wurde es möglich, die Dichte der Beprobungen im Ablauf sommerlicher Hochwasserereignisse mit raschen Konzentrationsänderungen zu erhöhen. Eine Zeitspanne von maximal 30 Minuten wurde an den drei Hauptpegeln (Lainbach Talausgang, Kotlaine Mündung, Schmiedlaine Mündung) in der Regel eingehalten. Bei der Beprobung von Schneeschmelzabflüssen konnte die Zeitspanne auf 1 - 2

Stunden vergrößert werden, da die Wasserstands- und Schwebstoffkonzentrationsänderungen geringer sind als während sommerlicher Abflußereignisse nach Regenniederschlägen.

Mit Hilfe der Messung der Schwebstoffkonzentration (g/m^3) kann über die Abflußwerte die Schwebstofführung (kg/s) berechnet werden. Die Schwebstofffracht (t) bezeichnet den Gesamtaustrag während eines Hochwasserereignisses, Monats oder Jahres an der Meßstelle. Damit ist schon gesagt, daß die Kenntnis des Abflusses für die Berechnung des Schwebstoffaustrages notwendige Voraussetzung ist. Hier ergaben sich zahlreiche Schwierigkeiten, die zu zeitweiligen Ausfällen der Abflußmessung führten:

- technische Defekte der Schreibeinrichtung
- Geschiebeablagerungen nach Hochwasserabflüssen (Abb. 6)
- Vereisung der Meßgerinne (Abb. 7)
- Bauarbeiten im Rahmen der Wildbachverbauung

Abbildung 6: Geschiebeablagerungen im Meßgerinne am Pegel Lainbach nach Hochwasserabfluß (13.8.1984, Photographie M. BECHT)

Abbildung 7: Eisbildung im Meßgerinne am Pegel Kotlaine im Januar 1985 (Photographie M. BECHT)

Ein weiteres Problem bestand darin, rechtzeitig zur Beprobung im Einzugsgebiet zu sein. Da die Konzentrationszeit des Hochwasserabflusses nach Gewitterniederschlägen bei etwa 30 Minuten liegt, war dies bei einer Anfahrtzeit von ca. 90 Minuten nur durch die enge Zusammenarbeit mit der Station Hohenpeißenberg des Deutschen Wetterdienstes möglich. Der Einsatz des Wetterradars erlaubt eine vergleichsweise präzise Vorhersage des Einsetzens, der Dauer und der Intensität der Niederschläge. Die genannten Schwierigkeiten führten dazu, daß von April 1984 bis Oktober 1985 lediglich 19 Abflußereignisse nach Regenniederschlägen vollständig (an den Hauptpegeln) beprobt werden konnten. Von weiteren 15 Ereignissen liegen jeweils für Teilgebiete Meßergebnisse vor.

Die Erfahrungen am Pegel Melcherreiße bleiben bisher unbefriedigend. Sehr kurze Konzentrationszeiten (5 Minuten), starker Geschiebetrieb, Vermurungen, schnelle Vereisung von Gerinne und Schwimmerschacht sowie Einsanden des Schwimmers machten auswertbare Messungen häufig unmöglich. Trotz der Schwierigkeiten ergeben sich jedoch wichtige Hinweise auf den Umfang der Sedimentlieferung der Reiße.

3.2 Analysen im Laboratorium

Die Wasserproben wurden im Laboratorium filtriert und der bei 105°C getrocknete Rückstand nach Abkühlen im Exsikkator auf einer Analysewaage auf 0,1 mg genau gewogen. Aschefreie Papierfilter (∅ 55 mm/125 mm) erwiesen sich als ausreichend (Blau-, Rot- und Weißbandfilter der Firma Schleicher & Schüll) und kostengünstiger gegenüber Membranfiltern. Das Restwasser war optisch klar. Da Papierfilter hygroskopisch reagieren, kann ein Fehler in der Größenordnung von wenigen tausendstel Gramm im Wiegeergebnis entstehen. Auf ähnliche Probleme bei Membranfiltern weist P. NYDEGGER (1967) hin. Bei den in Hochwasserabflüssen des Lainbaches auftretenden hohen Schwebstoffkonzentrationen ist die Ungenauigkeit aber vernachlässigbar klein. Sie liegt im Promille-Bereich. Bei Niedrigwasser und geringen Schwebstoffkonzentrationen steigt der relative Fehler stark an. Die große Standardabweichung der Werte der Niedrigwassermessung in der Schmiedlaine (Tab. 1, S. 18) ist sicher zum Teil auf diese Fehlerquelle zurückzuführen. Es sind daher bei geringen Schwebstoffgehalten die Proben angereichert worden, d.h. eine größere Wassermenge durch einen Filter filtriert, so daß der Rückstand entsprechend größer, der zu erwartende relative Fehler geringer ist.
Anschließend wurden die Filter bei 550°C im Muffelofen geglüht, um den Glühverlust zu bestimmen.
Bei ausreichender Menge der Schwebstoffe konnte nach dem Filtrieren eine Korngrößenanalyse und eine Karbonatgehaltsbestimmung (nach SCHEIBLER) durchgeführt werden. Die Anteile der groben Fraktionen (> 0,063 mm Korndurchmesser) wurden durch Naßsieben bestimmt. Für die Ton- und Schlufffraktion schloß sich eine Sedimentieranalyse mit der Köhnpipette an.
Von einigen Proben wurde der Karbonatgehalt und der Glühverlust einzelner Korngrößen gesondert bestimmt.
Die Röntgendiffraktometeranalyse der Schwebstoffe in der Ton- und Schlufffraktion gab Hinweise auf unterschiedliche Mineralzusammensetzungen der Sedimente an den Entnahmestellen.

4. Quantitativer Schwebstoffaustrag und seine jahreszeitliche Differenzierung

4.1 Transportereignisse im Winterhalbjahr

Schneeschmelze führt im Lainbachtal zu einer Trübung der Gewässer durch Schwebstoffe. Im Bereich der temperierten Schneedecke unterer alpiner Lagen ist eine strenge Trennung in eine Akkumulations- und eine Ablationsperiode nicht sinnvoll, da auch der Schneedeckenaufbau von abflußwirksamen Schmelzphasen unterbrochen wird.

Ein charakteristischer jährlicher Witterungsablauf in den Mittelbreiten erlaubt die Unterscheidung einzelner Schneedeckenperioden (A. HERRMANN, 1978):
Der Frühwinter setzt mit ergiebigen Schneefällen und einer Kälteperiode meist im November ein und endet mit dem Beginn des Weihnachtstauwetters, in dessen Verlauf die Schneerücklage stark abnimmt; untere und mittlere Lagen apern dann im Lainbachtal häufig aus.
Mit der Jahreswende beginnt die hochwinterliche Phase des Schneedeckenaufbaus mit Tagestemperaturen unter dem Gefrierpunkt und Schneefällen. Sie wird nur durch seltene, kurze Wärmephasen unterbrochen.
Der Spätwinter setzt etwa im März ein und zeigt einen charakteristischen Wechsel von intensiver Schneeschmelze bei schon deutlich ansteigenden Temperaturen und höherer Einstrahlung und starken Neuschneefällen. Die Gebietsrücklage der Schneedecke wächst weiter bis zu ihrem Maximum an.
Auf den Spätwinter folgt eine kräftige Frühjahrsablation mit Temperaturen deutlich über 0°C und vereinzelten Regenfällen. Die Schneedecke im Einzugsgebiet wird rasch abgebaut. Reste verbleiben nur in den Hochlagen über 1300 m ü.NN bis weit in den Mai.

Der beschriebene Witterungsablauf stellt einen mittleren Zustand dar. Der Winter 1984/85 weicht in einigen Abschnitten hiervon deutlich ab. Der Frühwinter blieb schneefrei, so daß auch

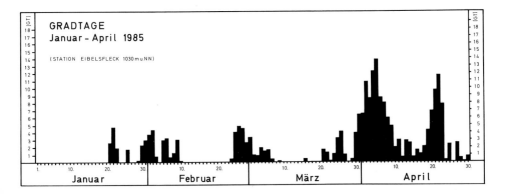

Abbildung 8: Die Gradtage (in °C) der positiven Lufttemperatur im Frühjahr 1985 an der Station Eibelsfleck (nach eigenen Messungen).
Gradtage = Tagesmittel der positiven Lufttemperaturen

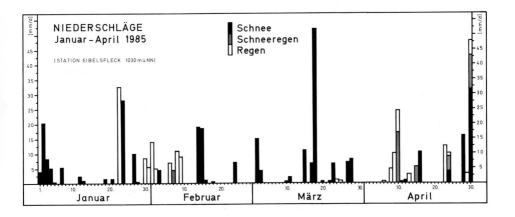

Abbildung 9: Tägliche Niederschlagssummen (in mm) an der Station Eibelsfleck (Januar - März 1985, nach eigenen Messungen).

während des Weihnachtstauwetters keine Schmelzabflüsse beprobt werden konnten. Die Unterscheidung von Hoch- und Spätwinter ist 1985 schwierig, da auch im Januar und Februar kräftige Wärmeperioden mit Regenfällen auftraten (Abb. 8, Abb. 9). Diese Phasen sind daher auch nicht getrennt zu behandeln. Mit der Monatswende März/April beginnt die intensive Frühjahrsablation.

4.1.1 Schneeschmelzabflüsse im Hoch- und Spätwinter

Die Tatsache, daß die Gebietsrücklage des in der Schneedecke gespeicherten Wassers bis zum Ende des Spätwinters zunimmt (Abb. 10), verdeckt die für den Schwebstoffaustrag weit wichtigere Differenzierung der Ablation in unteren und mittleren Höhenlagen im Bereich der pleistozänen Stausedimente. Schneeschmelze tritt hier in Abhängigkeit von der Exposition schon nach kurzen Warmlufteinbrüchen oder bei Strahlungswetterlagen an südexponierten Hängen auf. Die vegetationslosen Reißen apern dort im Verlauf des Winters mehrfach aus, wobei beträchtliche Feststoffmengen in den Vorfluter gespült werden. Abbildung 10 zeigt die unterschiedliche Entwicklung der Schneerücklagen an verschiedenen Lokalitäten.
Die Expositionsunterschiede treten im Gebiet der Stausedimente noch deutlicher hervor, da die in Abbildung 10 wiedergegebenen Daten sich auf annähernd horizontale Flächen beziehen, während geneigte Hänge entweder einen noch höheren Strahlungsgewinn erhalten oder bis ins Frühjahr immer in Schattenlagen (nordexponiert) verbleiben.
Der erste Schmelzabfluß nach Warmluftzufuhr tritt zu Beginn der dritten Januardekade auf (Abb. 8), nachdem eine dreiwöchige Kälteperiode mit extrem niedrigen Temperaturen - Tageshöchsttemperaturen bis unter -20°C - und Schneefällen vorangegangen war. Die Schwebführung am 22.1.1985 (Abb. 11) zeigt deutlich, daß der Schwebstoff im wesentlichen aus dem Einzugsgebiet der Kotlaine ausgepült wird. Die Einstrahlung der noch tief stehenden Sonne führt zu hohem Strahlungsgewinn in der sogen. 16er

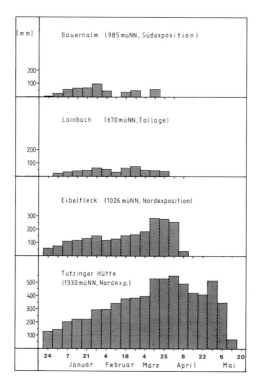

Abbildung 10: Die Schneerücklage (in mm Wasseräquivalent) im Winter 1984/85 im Lainbachtal bei Benediktbeuern (nach eigenen Sondenmessungen, Station Eibelsfleck entspricht nach den Erfahrungen 10jähriger Schneedeckenaufnahmen im Lainbachtal annähernd der mittleren Gebietsrücklage, F. WILHELM, 1986).

und 17er Reiße (Abb. 12), so daß die Schneedecke dort zuerst abschmilzt (Abb. 13). Die ebenfalls südexponierte Reiße am Kohlstattgraben (Abb. 14) im Einzugsgebiet der Schmiedlaine apert noch nicht aus. Die Schmiedlaine führt daher kaum Schwebstoffe (Abb. 11). Dies könnte man damit erklären, daß die potentielle direkte Sonneneinstrahlung im Kohlstattgraben infolge der Abschattung durch die Benediktenwand im Januar um ca. 1,5 Stunden geringer ist als in der 16er und 17er Reiße. Da aber nur am 21.1.1985 Strahlungswetter herrschte, am 22.1.1985 jedoch

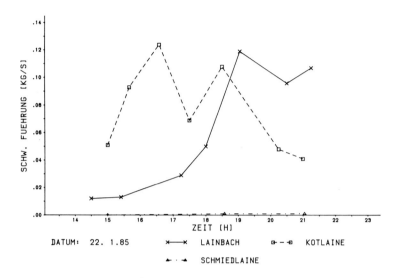

Abbildung 11: Die Schwebstofführung an Kot- und Schmiedlaine
sowie nach dem Zusammenfluß am Lainbach am 22.1.1985
(Hochwinter, nach eigenen Messungen)

weitgehend geschlossene Bewölkung dominierte, ist der Unterschied der direkten Einstrahlung nicht als Hauptursache für die räumliche Differenzierung anzusehen. Wichtiger erscheint, daß der Vorfluter der Reiße am Kohlstattgraben - ein sehr kleiner Bach mit begrenztem Einzugsgebiet - nach den extrem niedrigen Temperaturen noch vollständig zugefroren war, so daß die Schwebstoffe aus dem oberen Teil der Reiße nicht bis in die Schmiedlaine transportiert werden konnten, sondern im schneebedeckten Grabenbereich wieder sedimentiert wurden. Für den östlich der Kohlstattwiese gelegenen Wald, der im Einzugsgebiet des Baches liegt, nimmt A. HERRMANN (1974) die Existenz eines Kaltluftsees an, der das Auftreten von Schmelzabflüssen verzögern würde. Im Vergleich zu dieser Situation im Oberlauf der Schmiedlaine münden die Abflüsse aus der 16er und 17er Reiße direkt in die Kotlaine.
Auch die westexponierte Haseleckreiße, die in den Lainbach i.e.S. entwässert, führt nicht zu einem Ansteigen des Schwebstoffaustrages, so daß rund 99 % der Schwebstoffe, die am

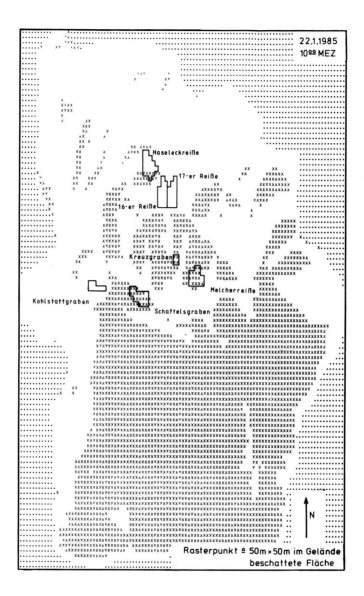

Abbildung 12: Der Anteil beschatteter Flächen im Hochwinter
(22.1.1985, 10 h)
(Basis: 50 m Raster des Geländemodells nach
O. WAGNER, F. WILHELM, 1986)

Abbildung 13: Beginn der Ausaperung der 17er Reiße am 21.1.1985
(Photographie M. BECHT)

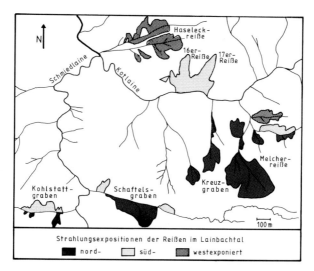

Abbildung 14: Strahlungsexposition der großen Reißen im Lainbachtal
(Kartengrundlage: topographische Karte 1:10000 Blatt 8334, Kochel NE)

22.1.1985 aus dem gesamten Einzugsgebiet transportiert wurden, aus den südexponierten Reißen im Bereich der Kotlaine stammen (Gesamtaustrag am 22.1.1985: 2,26 t).

Erneute Schneefälle, die von Regenfällen immer wieder unterbrochen werden (Abb. 9, S. 23), führen insgesamt zu einem Anwachsen der Schneerücklagen bis Ende Februar in allen Lagen (Abb. 10, S. 25).
Am 24.2.1985 beginnt eine Ablationsperiode (vgl. Abb. 8, S. 23), in deren Verlauf bei Strahlungswetter wiederum südexponierte Hänge mit geringer Vegetationsbedeckung ausapern. Die Ganglinien der Schwebstofführung an den drei Hauptpegelstellen (Abb. 15) zeigen, daß der größte Anteil der Feststoffe erneut aus dem Einzugsgebiet der Kotlaine stammt (84 %). Der deutlich höhere Schwebstoffaustrag aus dem Gebiet der Schmiedlaine (13 %) im Vergleich zum 22.1.1985 ist vermutlich auf den Schmelzwasserabfluß aus dem Kohlstattgraben zurückzuführen.

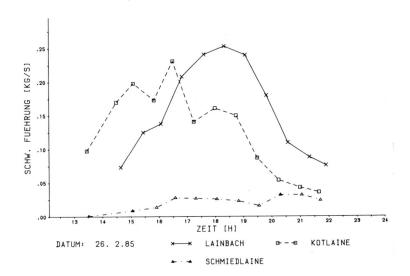

Abbildung 15: Die Schwebstofführung an Kot- und Schmiedlaine sowie nach dem Zusammenfluß am Lainbach am 26.2.1985 (nach eigenen Messungen)

Im Gegensatz zum Januar waren die Temperaturen in der vorangegangenen Kälteperiode nicht so niedrig, so daß bei nun höherem Strahlungsdargebot und geringeren Besonnungsunterschieden zu den südexponierten Reißen im Gebiet der Kotlaine die Schmelzabflüsse auch im Bereich des Kohlstattgrabens einsetzen. Aus nordexponierten Reißen findet zu diesem Zeitpunkt kein Schmelzabfluß statt (Pegel Melcherreiße), da sie noch weitgehend beschattet sind (Abb. 16).
Die Schwankungen der Schwebstoffführung, die sich in der Ganglinie der Kotlaine zeigen (Abb. 15), sind nicht auf unterschiedliche Liefergebiete der Feststoffe zurückzuführen, sondern können z.B. durch die Besonnungsunterschiede in den Reißen selbst (vgl. Abb. 13) oder durch einen Wechsel der Strahlungsbedingungen infolge von Bewölkung entstehen.
Der höhere Gesamtaustrag am 26.2.1985 (4,7 t) im Vergleich zum 22.1.1985 ist auf eine kräftigere Schneeschmelze infolge intensiverer Einstrahlung zurückzuführen. Die Summe der Globalstrahlung am Hohenpeißenberg (35 km entfernt, in 1000 m ü.NN) betrug am 22.1.1985 nur 347 Joule/cm² [1], während am 26.2.1985 bei Strahlungswetter 1150 Joule/cm² gemessen wurden.
Anfang März setzten wieder Schneefälle ein, die bis zum Ende der 2. Dekade die Schneerücklagen erneut vermehren. Die dritte Märzdekade bringt dann die letzte Ablationsphase des Spätwinters (Abb. 17). Es bestätigt sich das nun schon bekannte Bild: Dominanz des Kotlaineeinzugsgebietes, Schwebstoffaustrag vorwiegend aus den südexponierten Reißen, geringer Anteil der Schmiedlaine am Gesamtaustrag.
Erst am 25.3.1985 zeigte sich auch am Pegel Melcherreiße eine geringe Trübung des Abflusses. Der Schwebstoffaustrag lag aber nur bei etwa 0.6 % des Gesamtaustrages.
Das Ansteigen der Schwebstoffführung im Einzugsgebiet des Lainbaches i.e.S. an diesem Tag kann nur auf die Zulieferung aus der westexponierten Haseleckreiße (vgl. Abb. 14, S. 28) zurückgeführt werden (26 % des Gesamtaustrages). Gleichzei-

---

[1] Werte und Dimensionen wurden den Angaben des Deutschen Wetterdienstes entnommen.

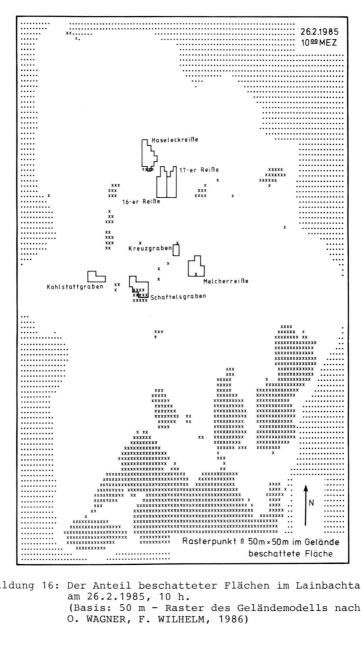

Abbildung 16: Der Anteil beschatteter Flächen im Lainbachtal am 26.2.1985, 10 h.
(Basis: 50 m - Raster des Geländemodells nach O. WAGNER, F. WILHELM, 1986)

tig sind die südexponierten Reißen nahezu ausgeapert, so daß der Schwebstoffaustrag hier geringer wird. Auch in dieser Periode besteht eine deutliche Abhängigkeit der Ausaperung und damit des Schwebstoffaustrages von den herrschenden Strahlungsverhältnissen. Im Vergleich zum Februar sind die Schwebstofffrachten an den beprobten Tagen wiederum angestiegen. Auch die Werte der Tagessummen der Globalstrahlung am Observatorium Hohenpeißenberg liegen jetzt über denen vom Februar.

	22.3.1985	24.3.1985	25.3.1985
Schwebstofffrachten am Pegel Lainbach (t/d)	20,9	8,1	23,0
Summe der Globalstrahlung (Joule/cm² d)	1861	1489	2009

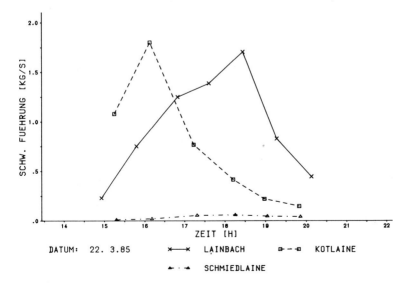

Abbildung 17: Die Schwebstofführung an Kot- und Schmiedlaine sowie am Lainbach im Spätwinter 1985 (nach eigenen Messungen) (S. 32 und S. 33)

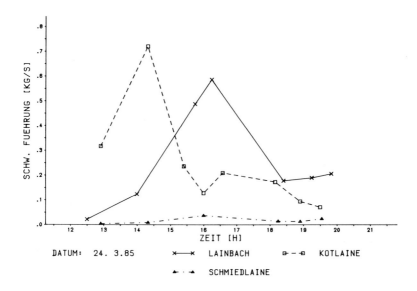

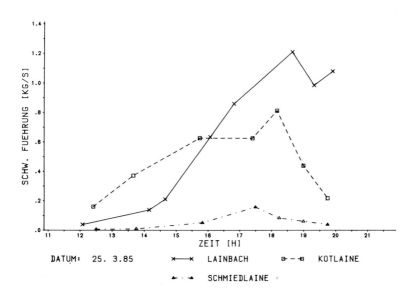

In dieser Phase treten auch die höchsten Schwebstoffkonzentrationen im Hoch- und Spätwinter an den Pegeln auf (Tab. 2). Der Spitzenwert der Schmiedlaine erscheint etwas verzögert, da die Schneedecke im Kohlstattgraben aufgrund der größeren Abschirmung der direkten Sonneneinstrahlung später abschmilzt.

Tabelle 2: Spitzenwerte der Schwebstoffkonzentration (in g/m³) in den Gewässern des Lainbachtales im Hoch- und Spätwinter 1985 (S_{konz}= Schwebstoffkonzentration)

Datum	Kotlaine		Schmiedlaine		Lainbach	
	Uhrzeit	S_{konz}	Uhrzeit	S_{konz}	Uhrzeit	S_{konz}
22.1.1985	16.35h	1474,6	18.35h	5,7	19.03h	244,4
26.2.1985	16.30h	1451,2	16.35h	144,4	18.20h	335,9
22.3.1985	16.08h	8787,3	18.16h	330,9	18.27h	2521,3
24.3.1985	14.20h	3892,6	16.00h	179,0	16.15h	1042,6
25.3.1985	18.11h	2287,9	17.30h	800,7	18.40h	978,6

Der Abbau der Schneedecke erfolgt auch bis zum 25.3.1985 nur auf strahlungsbegünstigten Hängen, während die Gebietsrücklage im Lainbachtal noch nicht zurückgegangen ist (vgl. Abb. 10, S. 25). Dies zeigen auch die Hysteresiskurven vom 26.2. und 22.3.1985. Starken Schwankungen der Schwebstoffkonzentration stehen nur geringe Änderungen der Abflußmenge gegenüber (Abb. 18). Ausgeprägte Schmelzwasserabflußganglinien treten erst während der folgenden Frühjahrsablation auf (4.1.2).
Das tägliche Maximum der Schwebstoffkonzentration und des Abflusses wurde während des Hoch- und Spätwinters nahezu zeitgleich registriert (Abb. 19), da die Schneeschmelzabflüsse aus den gleichen Gebieten stammen wie auch die Schwebstoffe. Abweichungen von dieser Regel können bei allgemein geringsten Abflußschwankungen am Pegel Schmiedlaine auftreten, da die Karstquellen mit einer zeitlichen Verzögerung von mehreren Stunden auf Schmelzwasserzuflüsse aus höheren Lagen reagieren, so daß sich die Abflußspitze später als das Maximum der Schwebstoffkonzentration einstellen kann.

Abbildung 18: Hysteresisschleifen der Schwebstoffkonzentration
im Hochwinter (26.2.1985) und Spätwinter (22.3.1985)
bei Schneeschmelzabfluß an Kot- und Schmiedlaine
sowie am Lainbach (nach eigenen Messungen)

am 26.2.1985

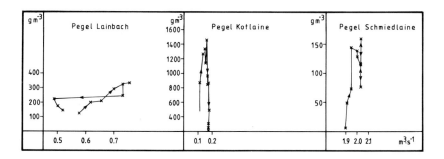

am 22.3.1985

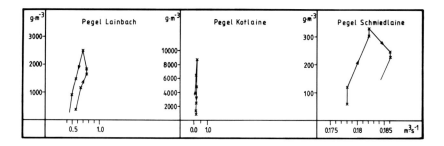

Insgesamt wird der Schwebstoffaustrag im Lainbachtal im Hoch-
und Spätwinter durch die Schneeschmelze in den strahlungsex-
ponierten Reißen geprägt. Die Schneeauflage ist an den steilen
Flanken dieser Erosionskessel nur gering, da größere Schnee-
mengen als kleine Schneebretter abrutschen. Die dünne Auflage
läßt aber die auftreffende Strahlung zum Teil bis zum Boden
durchdringen, so daß mit der Erwärmung des Untergrundes das

Abbildung 19: Die Ganglinien des Schwebstoffes und des Abflusses im Hochwinter 1985 an Kot- und Schmiedlaine sowie nach dem Zusammenfluß am Lainbach (nach eigenen Messungen)

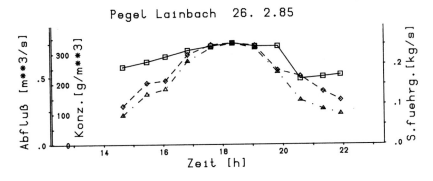

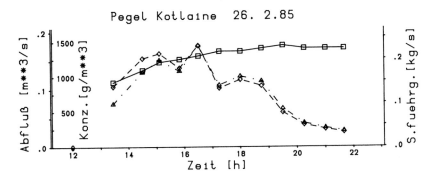

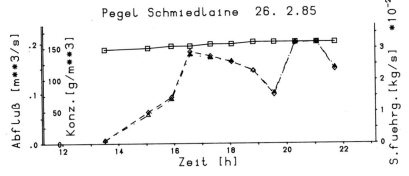

▲ · ·▲ : Schw. Fuehrung [kg/s]
◆ - -◆ : Konzentration [g/m**3]
▫——▫ : Abfluß [m**3/s]

Schmelzen des Schnees rasch einsetzt. Jeder Neuschneefall führt bald mit dem Einsetzen von Strahlungswetter zum Abschmelzen des Schnees und damit auch zum Schwebstoffaustrag.Bis zum neuerlichen Niederschlag sind die Reißen wieder aper. Regenniederschlag kann dann auch im Hochwinter erhebliche Mengen Schwebstoff mobilisieren (4.1.3).

4.1.2 Der Schwebstoffaustrag während der Frühjahrsablation

4.1.2.1 Schneeschmelzabflüsse

Mit der Frühjahrsablation setzt auch in nordexponierten Lagen eine intensive Schneeschmelze ein (vgl. Abb. 10, S. 25). Lediglich in Hochlagen oberhalb 1300 m ü.NN ist der Massenverlust der Schneedecke noch gering.
Die Einstrahlung wird jetzt in weiten Teilen des Einzugsgebietes wirksam, da die Abschattung der nordexponierten Hänge infolge der höher stehenden Sonne sehr gering wird (Abb. 20).
Die Globalstrahlung erreicht im Mittel 1720 Joule/cm^{2}d (Zeitraum vom 30.3.-7.4.1985, Werte der Station Hohenpeißenberg). Sie ist damit nicht höher als während der letzten spätwinterlichen Ablationsphase vom 22.3.-26.3.1985. Das Angebot fühlbarer Wärme ist jedoch deutlich größer, wie die Darstellung der positiven Gradtage an der Station Eibelsfleck (vgl. Abb. 8, S. 23) zeigt.
Der tägliche Spitzenabfluß steigt während der Frühjahrsablation an allen Meßstellen auf den drei- bis vierfachen Wert der Schmelzwasserabflüsse des Spätwinters an. Dies zeigt,daß die Schneedecke in großen Teilen des Einzugsgebietes erst jetzt ihren Reifezustand überschritten hat, d.h. schmelzbereit ist und nun rasch abschmilzt.

Südexponierte Hanglagen sind zu diesem Zeitpunkt aper (Abb. 21). Der Sedimentaustrag im Gesamtgebiet steigt dennoch an und liegt bereits am 31.3.1985 (Abb . 22) mit 40,3 t deutlich höher als während des Spätwinters. Nordexponierte Reißen (Schaftelsgraben, vgl. Abb. 14, S. 28) liefern im Einzugsgebiet der Schmiedlaine

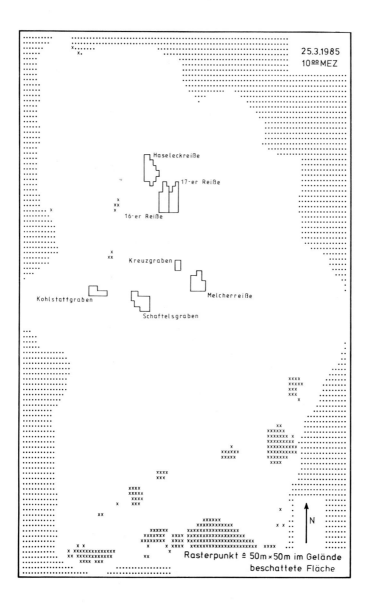

Abbildung 20: Der Anteil beschatteter Flächen im Lainbachtal
am 25.3.1985 (10 h)
(Basis: 50 m - Raster des Geländemodells nach
O. WAGNER, F. WILHELM, 1986)

Abbildung 21: Die Ausaperung in der 17er Reiße (südexponiert) am 31.3.1985 im Lainbachtal
(Photographie M. BECHT)

bei Beginn der Frühjahrsablation den höchsten täglichen Feststoffaustrag während der Schmelzperioden im Winterhalbjahr (6,25 t ≙ 15 % des Gesamtaustrags am 31.3.1985). Im Einzugsgebiet der Kotlaine entfallen allein 43 % der Schwebstoffe auf den Zufluß aus der Melcherreiße. Auch die übrigen nordexponierten Erosionsanrisse liefern jetzt Feststoffe.
Zusätzlich werden nun die Schwemmfächer, die sich während des Spätwinters an der Mündung der 16er und 17er Reiße in die Kotlaine gebildet hatten (Abb. 23) durch Lateralerosion der Kotlaine bei höherem Wasserstand abgebaut.

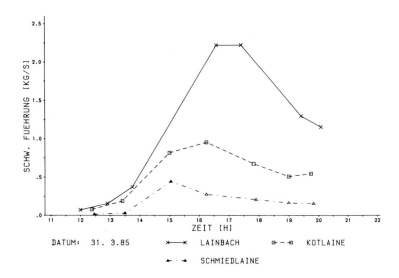

Abbildung 22: Die Schwebstofführung an Kot- und Schmiedlaine sowie nach dem Zusammenfluß am Lainbach während der Frühjahrsablation 1985 (nach eigenen Messungen)

Abbildung 23: Schwemmfächer an der Mündung der 16er Reiße in die Kotlaine im März 1985 (Photographie M. BECHT)

Der Einfluß der westexponierten Haseleckreiße im Einzugsgebiet
des Lainbaches i.e.S. auf den Gesamtaustrag, der schon am Ende
des Spätwinters deutlich wurde, nimmt noch weiter zu.
Der Anteil der Schwebstoffzufuhr aus dem Gebiet des Lainbaches
i.e.S. lag am 24.3.1985 noch bei -5,0 %, d.h. es wurde Material,
das im Oberlauf noch transportiert wurde, im Unterlauf sedimentiert oder als Geschiebe an der Gerinnesohle fortbewegt. Am
25.3.1985 stieg der Austrag aus diesem Teilgebiet dann auf
26,4 % an. Am 31.3.1985 lag er schon bei 39,2 % und erreichte
schließlich am 1.4.1985 sogar 56,3 % der Gesamtfracht. Die Zu-
ordnung des Schwebstoffaustrages des Lainbach i.e.S. zur Haseleckreiße ist eindeutig, da sich kein weiterer großer Anriß in
diesem Teilgebiet befindet. Abflüsse unter Wald zeigen - soweit
sie während der Schneeschmelze überhaupt auftreten - keine sichtbare Trübung.
Die Änderungen der Schwebstoffkonzentration im Verlauf des
Längsprofils der Kotlaine und des Lainbaches geben weitere Hinweise auf die Liefergebiete der Feststoffe (Abb. 24).

Vor der Frühjahrsablation 1984 erfuhr die Schneedecke noch einmal einen Massenzuwachs durch Neuschnee. Daher beginnt die
Ablation auch mit dem Ausapern der südexponierten Reißen, die
zum gleichen Zeitpunkt 1985 schon schneefrei waren.
Am 19.4.1984 zeigt sich nur eine kleine Zunahme der Schwebstoffkonzentration durch die Zuflüsse aus nordexponierten Reißen
(zwischen Entnahmestelle 4 und 7, vgl. Abb. 5, S. 15). Schon
am 20.4.1984 steigen die Konzentrationen stark an, der Schwebstoff wird auch aus nordexponierten Gebieten ausgepült. Doch
schon nach weiteren zwei Tagen erkennt man zwischen Entnahmestelle 4 und 2 eine Abnahme des Feststoffgehaltes, was darauf
schließen läßt, daß die südexponierten Reißen, deren Abfluß
nach der Entnahmestelle 4 in die Kotlaine mündet, schnell ausgeapert sind. Insgesamt ist die Schwebstoffkonzentraion jetzt
bis auf ihr Maximum in dieser Phase angestiegen.
Auch am 26.4.1984 zeigt sich bei allgemein nachlassender Schweb-
stofflieferung der dominante Einfluß der Melcherreiße.
Unterhalb des Pegels Kotlaine (2) sorgt die Schmiedlaine mit

Abbildung 24: Die Änderung der Schwebstoffkonzentration im Abfluß im Längsprofil der Kotlaine und des Lainbaches i.e.S.[1] während der Frühjahrsablation 1984 (Entnahmestellen vgl. Abb. 5, nach eigenen Messungen)

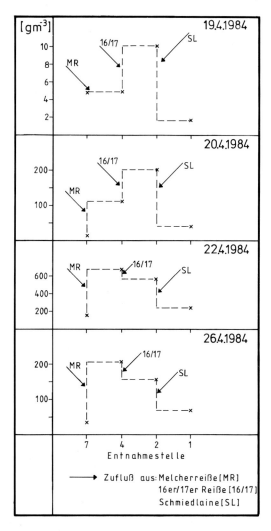

[1] Die Darstellung in Stufenform verweist auf die plötzliche Änderung der Schwebstoffkonzentration nach Einmündung der Nebenbäche

wenigen großen Reißen im Einzugsgebiet jeweils für eine Verringerung der Schwebstoffkonzentration.
Die Hysteresiskurven (Abb. 25) zeigen während der Frühjahrsablation eine höhere Schwankungsbreite des Abflusses als im Hochwinter, während die Schwebstoffkonzentration durch stärkere Verdünnung abnimmt.

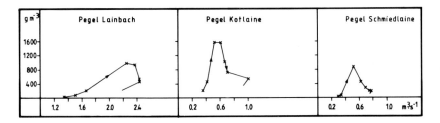

Abbildung 25: Hysteresisschleifen der Schwebstoffkonzentration während der Frühjahrsablation (31.3.1985) bei Schneeschmelzabfluß an Kot- und Schmiedlaine sowie am Lainbach (nach eigenen Messungen)

Der Spitzenabfluß tritt jetzt wesentlich später auf als die maximale Konzentration der Schwebstoffe. Waren im Hochwinter die Liefergebiete der Schwebstoffe auch gleichzeitig Bereiche starker Ablation, so liegen während der Frühjahrsablation die Schwebstoff liefernden Reißen deutlich näher an den Vorflutern und an den Meßstellen als der größte Teil der schmelzenden Schneerücklagen. Das Schmelzwassermaximum muß daher später an den Meßstellen auftreten als die höchste Schwebstoffkonzentration, die zunächst noch auf den Abtrag im Gebiet der Talverfüllung zurückgeht.

Nach weitgehender Ausaperung der Reißen liegen auch die Liefergebiete der Feststoffe weiter entfernt in kleinen Runsen und Blaiken, die im Oberlauf der kleineren Quellbäche zu suchen sind. Der höchste Abfluß tritt nun wieder zeitgleich mit dem allerdings erheblich niedrigeren Schwebstoffkonzentrationsmaximum auf (Abb. 26). Dabei scheint es keine kontinuierliche Verlagerung des Feststoffmaximums in Richtung auf den höchsten Abfluß zu geben. Vielmehr sind zwei verschiedene Schwebstoffgipfel

auszugliedern, die am 3.4.1985 nebeneinander auftreten, wobei
der erste Peak noch kräftiger ist. Schon am 4.4.1985 und ebenso am 6.4.1985 ist das Maximum in den Abendstunden höher als
jenes am Nachmittag. Das Liefergebiet der Schwebstoffe, das
diese kleine Spitze verursacht, kann entgegen einer ersten Vermutung nicht im hochgelegenen Teilgebiet der Schmiedlaine liegen.
Probennahmen an den Karstquellen ergaben zu diesem Zeitpunkt
noch eine äußerst geringe Feststoffkonzentration von weniger
als 10 g/m³. Auch wird aus Abbildung 10 (S. 25) deutlich, daß
der Schneedeckenabbau in Hochlagen gerade erst beginnt. Es bestätigt sich vielmehr, daß die Gebiete im Oberlauf kleiner
Bäche zu der Trübung des Abflusses beitragen. Diese Gebiete
liegen näher zur Benediktenwand, so daß die Beschattung dort
zu einer Verzögerung der Reife der Schneedecke führt (vgl.Abb.
12, S. 27 ; 16, S. 31 ; 20, S. 38).

4.1.2.2 Murgänge

Während der Phase der Hauptschneeschmelze im Frühjahr 1985 ereigneten sich Anfang April in der Melcherreiße nach Hangrutschungen Murgänge (Abb. 27). Diese Ereignisse am 3.4. und 4.4.1985
prägen das Bild des Feststoffaustrages während der Frühjahrsablation.
Nach G. BUNZA (1975, S.20) ist ein Murgang "eine sehr schnelle
reißende Bewegung einer breiartigen Suspension aus Wasser, Erde,
Schutt und Holz in Bächen oder ehemaligen Murfurchen im Hang
mit mehr oder weniger steilem Gefälle". Im Verlauf der Murgänge
wurde auch ein Großteil der Schneerücklage aus der Reiße heraustransportiert (Abb. 27).
An dieser Stelle soll vorerst nur der Aspekt des Sedimentaustrages näher behandelt werden (zur Morphodynamik vgl. auch 4.2).
Der erste Murgang löste sich am 3.4.1985 und passierte gegen
13 h den Pegel Melcherreiße. Ein weiterer Schub erfolgte am
selben Nachmittag (Abb. 28). Mit einer zeitlichen Verzögerung
von etwa einer Stunde erreichte die Schwebstoffwelle den Pegel
Kotlaine, nach einer weiteren Stunde den etwa 2 km flußabwärts
gelegenen Pegel Lainbach.

Abbildung 26: Die Ganglinien des Schwebstoffes und des Abflusses am Pegel Schmiedlaine während der Frühjahrsablation 1985 (nach eigenen Messungen)

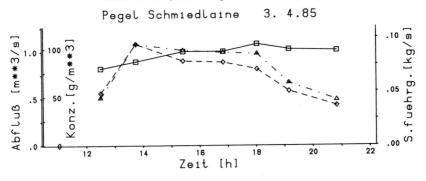

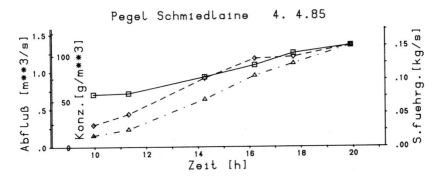

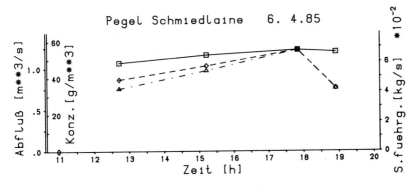

▲ ‒ ‒ ▲ : Schw. Fuehrung [kg/s]
◆ ‒ ‒ ◆ : Konzentration [g/m**3]
□———□ : Abfluß [m**3/s]

Abbildung 27: Murgänge in der Melcherreiße im Lainbachtal
am 4.4.1985 (Photographie M. BECHT)

Die Schwebstoffkonzentrationen stiegen am Pegel Melcherreiße
auf über 300 kg/m³, am Pegel Kotlaine auf ca. 17 kg/m³ und am
Pegel Lainbach auf etwa 8 kg/m³ (Abb. 29) an. Sie lagen damit
erheblich über den bei Schneeschmelzabflüssen auftretenden
Spitzenwerten (vgl. Tab. 2, S. 34).
Der Gesamtschwebstoffaustrag beträgt am 3.4.1985 am Pegel Lainbach in der Zeit zwischen 13 h und 21.30 h 345 t. Am Pegel
Melcherreiße errechnete sich im Vergleichszeitraum ein Schwebstoffaustrag von 328 t, wobei nur feine Sedimente der Ton- und
Schlufffraktion, die auch der Lainbach als Schwebstoffe trans-

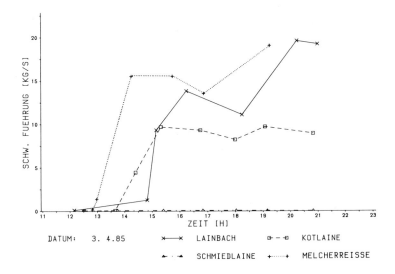

Abbildung 28: Die Schwebstoffführung am 3.4.1985 an der Melcherreiße, Kot- und Schmiedlaine sowie am Lainbach (nach eigenen Messungen)
(Aus Gründen der Vergleichbarkeit wurde am Pegel Melcherreiße der Sand- und Kiesanteil hier nicht berücksichtigt, vgl. 5.2.2.2, S. 159ff)

portierte, berücksichtigt werden. Damit ist nachgewiesen, daß die Feststoffe jetzt ausschließlich den Murgängen entstammen. Die geringen Abweichungen sind leicht verständlich, da die Meßbedingungen bei starkem Geschiebetrieb und zeitweiser Ablagerung großer Geschiebemengen im Meßgerinne an der Melcherreiße teilweise nur eine Schätzung des Abflusses und damit der Schwebstoffführung zulassen.
Bei nächtlichen Minimumtemperaturen von +6°C an der Station Eibelsfleck hielt die Schneeschmelze in den Reißen auch während der Nachtstunden an. Am Morgen des 4.4.1985 kam es daher zu weiteren starken Murgängen, die eine Zerstörung des Meßgerinnes an der Melcherreiße zur Folge hatten (Abb. 30). Der Sedimentaustrag konnte daher in den folgenden Wochen hier nicht ermittelt werden. Die Schwebstoffkonzentrationen stiegen nach diesen

Abbildung 29: Ganglinien des Schwebstoffes und Abflusses am 3.4.1985 (Einsetzen der Murgänge) an Kotlaine und Melcherreiße sowie am Lainbach (nach eigenen Messungen)

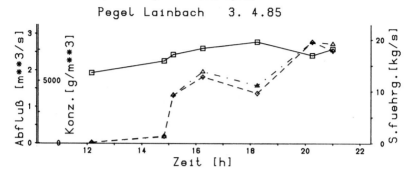

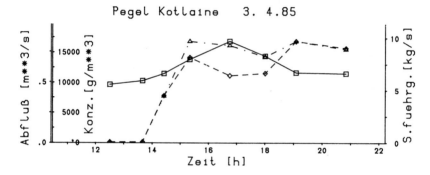

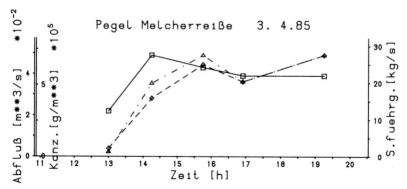

▲ ·· ▲ : Schw. Fuehrung [kg/s]
◆ — ◆ : Konzentration [g/m**3]
▫——▫ : Abfluß [m**3/s]

Abbildung 30: Zerstörung des Meßgerinnes an der Melcherreiße durch Murgänge (4.4.1985, Photographie M. BECHT)

erneuten Murgängen auf 11 kg/m³ am Lainbach bzw. 29,6 kg/m³ an der Kotlaine an (Abb. 31). Am Pegel Schmiedlaine blieben Sie ohne den Einfluß der Murgänge dagegen sehr niedrig (10 g/m³).

Sowohl am 3.4.1985 (Abb. 28) als auch am 4.4.1985 (Abb. 32) war die Schwebstofführung am Pegel Kotlaine geringer als am Pegel Lainbach. Da die gesamte Sedimentmenge aber aus der Melcherreiße abgetragen wurde, muß der Schwebstoff, bevor er am Lain-

Abbildung 31: Ganglinien des Schwebstoffes und des Abflusses während der Murgänge an Kot- und Schmiedlaine sowie am Lainbach (4.4.1985, nach eigenen Messungen)

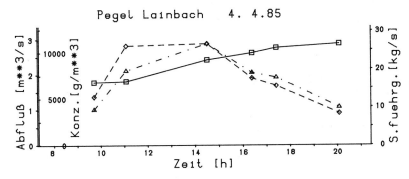

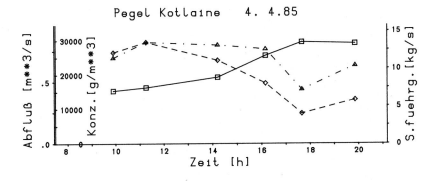

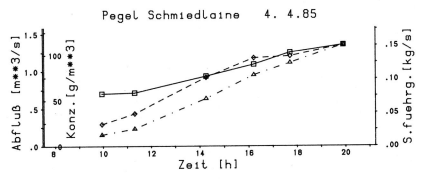

▲ · ·▲: Schw. Fuehrung [kg/s]
◆ — ◆: Konzentration [g/m**3]
□——□: Abfluß [m**3/s]

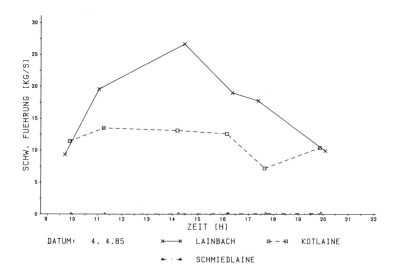

Abbildung 32: Die Schwebstofführung an Kot- und Schmiedlaine
sowie am Lainbach während der Murgänge am 4.4.1985
(nach eigenen Messungen)

bach gemessen werden kann, den Pegel Kotlaine passieren. Eine
Zwischenlagerung der Sedimente im Oberlauf der Kotlaine kommt
daher nicht im Betracht. Die Ursache kann in einer nicht bemerkten Verstopfung der Druckaustrittsöffnung am Pegel Kotlaine
liegen. Dies führt zu einer fehlerhaften Aufzeichnung der Wasserstände und damit zu einer falschen Berechnung der Schwebstofführung. Aus den hohen Feststoffkonzentrationen an der Kotlaine
läßt sich zudem keine geringere Schwebstofffracht herleiten.
Aufgrund der genannten Schwierigkeiten ist es sinnvoll, sich
bei der Berechnung des Gesamtaustrages auf die Messungen am
Pegel Lainbach zu stützen, zumal der Vergleich mit den Messungen
an der Melcherreiße am 3.4.1985 eine gute Übereinstimmung zeigt.
Eine grobe Abschätzung für die Zeit vom 3.4.1985 bis zum 6.4.1985
ergab einen Gesamtschwebstoffaustrag von 2780 t. Die Schwebstoffführung während der Nachtstunden wurde durch die Bildung des
Mittelwertes der morgendlichen und abendlichen Probennahmen
geschätzt.
Die Schwebstofffracht betrug demnach etwa 2500 - 3000 t in 3 Tagen.
Auch in den folgenden Tagen - nach dem 6.4.1985 - kam es noch zu

kräftigem Sedimentaustrag. Nachdem sich aber die Abtragungsprozesse in der Melcherreiße am Abend des 4.4.1985 beruhigten, lag der Sedimentaustrag nach dem 6.4.1985 nur noch in einer Grössenordnung von täglich 100 t, da der größte Teil des Feinmaterials ausgeräumt war. Die Frühjahrsablation war damit im Lainbachtal mit Ausnahme der Hochlagen weitgehend abgeschlossen.

4.1.3 Regeninduzierte Abflußereignisse während der Schneedeckenperiode

In unteren alpinen Lagen wird der Aufbau der Schneedecke nicht allein durch reine Schmelzphasen unterbrochen. Mit wenigen Ausnahmen kann man aufgrund der Ergebnisse des SFB 81, Teilprojekt A2, davon ausgehen, daß es zu Regenniederschlägen auf eine geschlossene Schneedecke auch im Januar und Februar kommt (R. FELIX, 1985). Es ist daher besonders wichtig, eine solche Periode näher zu untersuchen, um den Schwebstoffaustrag nach Regenfällen im Winter im Vergleich zu den Schneeschmelzabflüssen zu quantifizieren.
Ferner soll nach Analyse sommerlicher Transportereignisse festgestellt werden, ob sich eine geschlossene Schneedecke verstärkend - durch zusätzliche Bereitstellung von Schmelzwasser - oder reduzierend -durch den Schutz des Bodens vor splash erosion - auf den Schwebstoffaustrag auswirkt (vgl. Abschn. 4.4.2, S. 139ff).

Während einer zyklonalen Westlage (DWD, 1985) floß auf der Vorderseite des heranziehenden Frontensystems aus südlichen Richtungen Warmluft ein. Dies führte am 22.1.1985 zu dem oben beschriebenen Schmelzabfluß. Am Morgen des 23.1.1985 setzte mit Eintreffen der Warmfront Regen ein. Innerhalb von zehn Stunden fielen im Mittel der Stationen etwa 15 mm Niederschlag, die Spitzenintensitäten erreichten 3,7 mm/h an der Station Bauernalm (Abb. 33).
Die Schwebstoffführung der Gewässer stieg rasch an (Abb. 34), da große Teile der südexponierten Reißen bereits schneefrei waren.

Die Schwebstofffracht lag am Lainbach mit 69,1 t zwischen 8.30 h
und 20.30 h deutlich niedriger als an der Kotlaine im Vergleichszeitraum (80,6 t). Da auch die Schmiedlaine Schwebstoffe zu-

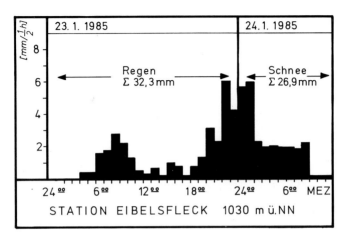

Abbildung 33: Niederschlagsintensität an der Station Eibelsfleck am 23./24.1.1985 (nach eigenen Messungen)

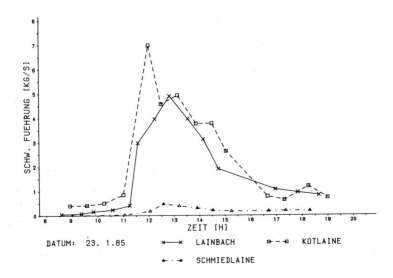

Abbildung 34: Die Schwebstoffführung an Kot- und Schmiedlaine
sowie am Lainbach am 23.1.1985 (nach eigenen
Messungen)

führte, sind insgesamt 27 % der Schwebstoffe im Verlauf des
Lainbaches i.e.S. wieder sedimentiert worden.
Am Abend des gleichen Tages setzten mit Annäherung der Kaltfront erneut Niederschläge ein. Diese fielen anfangs als Regen
und gingen gegen 24 h nach einem Temperatursturz von 2°C innerhalb weniger Minuten in Schnee über (Abb. 33). Die höheren In-

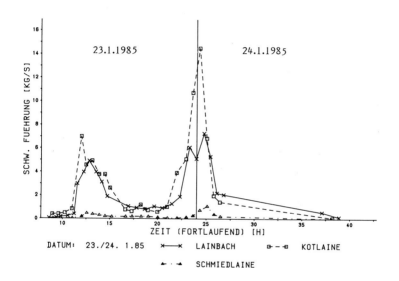

Abbildung 35: Die Schwebstofführung an Kot- und Schmiedlaine
sowie am Lainbach am 23./24.1.1985 (nach
eigenen Messungen)

tensitäten - bis zu 6,0 mm/h am Eibelsfleck - führten zu einem
starken Anstieg des Abflusses und der Schwebstofführung der
Gewässer. Bei annähernd gleicher Schwebstoffkonzentration stieg
daher die Feststofffracht im Vergleich zum Vorereignis stark
an (Abb. 35).
Am Lainbach wurde zwischen 20°°h am 23.1. und 12°°h am 24.1.1985
mit 134,6 t nahezu doppelt soviel Material transportiert, obwohl der Regenanteil am Gesamtniederschlag die Niederschlagssumme vom Vormittag nicht erreichte.

Da die Verteilung der Niederschläge im Gesamtgebiet recht homogen war (Abb. 36), kann man davon ausgehen, daß durch die voran-

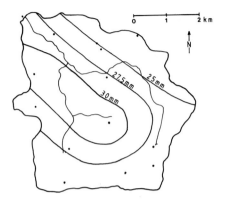

Abbildung 36: Die Verteilung des Niederschlags im Lainbachtal am 23.1.1985 (4 h - 24 h, nach eigenen Messungen)

gegangenen Regenfälle weitere Teile auch der nord- und westexponierten Reißen aper wurden und so auch dort Schwebstoffe ausgespült werden konnten. Auf schneebedeckten Flächen ist der Abtrag dagegen sehr gering. Die Abflußmenge war allerdings bei erneutem Niederschlagsbeginn noch erhöht, da sowohl der Boden als auch die Schneedecke den Abfluß der Regenniederschläge verzögern. Die Bäche haben daher auch eine größere Schleppkraft, so daß die abgespülten Schwebstoffe vollständig transportiert werden können.
Mit Übergang des Niederschlags von Regen in Schnee (Abb. 33) wurde die Schwebstoffzufuhr gestoppt (Abb. 35). Der Gesamtaustrag beider Ereignisse am 23./24.1.1985 lag bei mehr als 200 t am Pegel Lainbach. Im Einzugsgebiet der Kotlaine war er sogar noch etwas höher.

Regenniederschläge verursachen einen wichtigen Teil des winterlichen Schwebstoffaustrages. Sieht man einmal von Murgängen ab, dann übersteigt der Feststoffaustrag nach Regenniederschlägen sogar deutlich den Sedimentaustrag infolge der Schneeschmelze.

Die Schneedecke wirkt zwar als Schutz vor splash erosion und Abspülung, aber durch die auf der Vorderseite von heranziehenden Frontensystemen einfließenden milden Luftmassen sind die Hauptfeststoffherde bei Regenbeginn entweder schon aper, oder die in steilen Lagen geringmächtige Schneedecke schmilzt bei länger andauernden Regenfällen ab, so daß weitere Feststoffherde schneefrei werden können.

4.1.4 Schwebstofffrachten im Winter

Die Schwebstofffracht der Gewässer ist nicht unabhängig von der Menge winterlicher Niederschläge zu sehen. Im Winterhalbjahr (1.11.-30.4.) fallen im Mittel 40,7% der Jahresniederschläge (Abb. 37). Der Schneeniederschlag macht davon etwa 70 - 80 % aus, was einem Anteil von 25 - 30 % am gesamten Jahresniederschlag entspricht.
Der relative Anteil liegt im untersuchten Winter 1984/1985 bei 43,4 %. Bei einem insgesamt unterdurchschnittlichen Jahres-

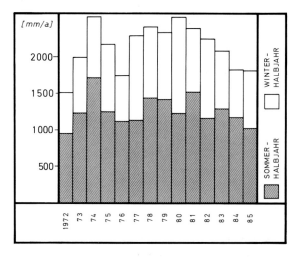

Abbildung 37: Jahressummen der Niederschläge in den hydrologischen Jahren 1972 - 1985 an der Station Eibelsfleck (1030 m ü.NN; nach eigenen Messungen und Daten aus dem Meßprogramm des SFB 81, A2, F. WILHELM, 1986)

niederschlag liegt der absolute Betrag von 790 mm um 10 %
unter dem Mittel (1972 - 1985) von 878 mm des Winternieder-
schlags. Es ist daher zu erwarten, daß der Feststoffaustrag
mit Schneeschmelzabflüssen im Frühjahr 1985 in anderen Jahren
eher etwas überschritten wird, wenn man die Murgänge einmal
außer acht läßt.

Der winterliche Schwebstoffaustrag setzt sich aus drei unterschiedlichen Ereignistypen zusammen:
1. Schneeschmelzabflüsse
2. Abflüsse nach Regenniederschlägen
3. Murgänge während der Frühjahrsablation

Als Feststoffherde kommen vorwiegend die Erosionsanrisse in
der pleistozänen Talverfüllung in Betracht. Unter Wald ist der
Sedimentaustrag im Vergleich dazu vernachläßigbar klein.

4.1.4.1 Murgänge

Der enorm hohe Schwebstoffaustrag während der Murgänge (2500 -
3000 t) ist als eine Ausnahme zu betrachten. Nach Berichten
der Flußmeisterstelle in Benediktbeuern sind derartige Ereignisse zumindest seit dem Ende der sechziger Jahre nicht aufgetreten. Über frühere Zeiten liegen keine gesicherten Angaben
vor.
Die größte Schwierigkeit liegt darin, im Rahmen einer länger-
fristigen Bilanzierung des Schwebstoffaustrages Murgänge entweder als einmalige bzw. seltene Sonderfälle oder als den Beginn neuer morphodynamischer Aktivitäten in den Reißen zu betrachten (4.1.5).
Einige während der Frühjahrsablation 1984 entnommene Schwebstoff-
proben sowie die eigenen Beobachtungen schließen für diese Zeit
ähnliche Prozesse in der Melcherreiße aus.

4.1.4.2 Schwebstoffaustrag während der Schneeschmelzabflüsse

4.1.4.2.1 Der Tagesgang des Feststofftransportes

Sieht man einmal von dem Tageszeiten unabhängigen Schwebstofftransport während Murgängen ab, dann traten die höchsten Schwebstoffkonzentrationen in den Gewässern im Winterhalbjahr während der Schmelzabflüsse im Spätwinter auf. Sie lagen am 22.3.1985 am Pegel Kotlaine um 100 % höher als während des Regenereignisses am 23.1.1985 als der Abfluß 22 mal größer war. Vergleichbares läßt sich auch an den anderen Meßstellen nachweisen.

Die höchste Schwebstoffkonzentration und -führung während der Schmelzabflüsse tritt am Pegel Lainbach im allgemeinen am Nachmittag zwischen 16 h und 17 h auf. An den anderen Meßstellen liegt der Zeitpunkt entsprechend der kürzeren Fließstrecke früher.

Der Schwebstoff wird vorwiegend aus den großen Reißen nahe den Vorflutern ausgespült. Das Maximum ist in Abhängigkeit von der höchsten Energiezufuhr (Strahlung, Warmluft) am Mittag mit kurzer Verzögerung am frühen Nachmittag zu erwarten. Eine zeitliche Verschiebung kann hier infolge von Schwankungen der Energiezufuhr erfolgen, nicht aber durch eine Änderung des Liefergebietes.

Die tägliche Abflußspitze verlagert sich dagegen vom Hochwinter zur Frühjahrsablation immer weiter gegen Abend, da Schmelzwässer aus hochgelegenen Teilen des Einzugsgebietes mit einiger Verzögerung an den Pegeln eintreffen.

Die Schwebstoffkonzentration weist im Winter große Tagesschwankungen auf (Tab. 3). Während der Abfluß durch nachsickerndes Schmelzwasser aus der Schneedecke und Interflow aus dem Boden noch in den Nachtstunden gespeist wird, ist eine weitere Schwebstoffzufuhr nur durch direkten Oberflächenabfluß möglich. Dieser läßt schon bald nach dem Ende der maximalen Einstrahlung in den Reißen stark nach.

Tabelle 3: Mittlere relative Spannweiten der Tagesgänge der
Schwebstoffkonzentration (S) und des Abflusses (Q)
während winterlicher Schneeschmelzperioden (ohne
Berücksichtigung der Zeiten mit Murgängen)

Einzugsgebiet n=7	$Q_{max} - Q_{min}$ in % von Q_{max}	$S_{max} - S_{min}$ in % von S_{max}
Kotlaine	39,6 %	81,4 %
Schmiedlaine	22,2 %	82,2 %
Lainbach	34,6 %	85,1 %

Der Tagesgang der Schmelzabflüsse ist also stärker gedämpft als
derjenige der Schwebstoffkonzentration.
Die Tagesschwankungen des Abflusses sind im Hochwinter besonders gering. So zeigt sich am 22.1.1985 am Pegel Schmiedlaine
nur eine Zunahme des Abflusses um 7 l/s, an der Kotlaine um
23 l/s und am Lainbach um 72 l/s. Mit Beginn der Schmelzperiode
ist aber gerade die Schwebstoffkonzentration besonders hoch,
so daß die Tagesgänge des Schwebstoffgehaltes größer sind als
in Zeiten maximaler Schneeschmelze, da dann der höhere Abfluß
eine Verdünnung der Feststoffkonzentration bewirkt.
Im Gegensatz zu den Tagesschwankungen der Schwebstoffkonzentration
sind diejenigen des Abflusses im Einzugsgebiet der Schmiedlaine
geringer als im Gebiet der Kotlaine (Tab. 3), da sich der Karstspeicher dämpfend auf den Abfluß auswirkt, nicht aber auf den
Feststoffaustrag aus den Reißen im Bereich der Stausedimente.
Am Pegel Lainbach zeigt sich die Überlagerung beider Teilgebiete.

4.1.4.2.2 Die räumliche Differenzierung

Die räumliche Differenzierung des Schwebstoffaustrages im Winter
ergibt sich aus der Anzahl der Erosionsanrisse und deren Expo-

sition in den Teileinzugsgebieten. Nachdem wiederholt im Hoch- und Spätwinter aus den südexponierten Reißen Schwebstoffe ausgespült werden, beginnt mit der Frühjahrsablation auch der Sedimenttransport aus den nun nicht mehr beschatteten Nordlagen.
Der Anteil des Schwebstoffaustrags aus dem Gebiet der Schmiedlaine ist niedrig, da im Vergleich zur Kotlaine die Anzahl der Erosionsanrisse hier gering ist (Tab. 4).

Tabelle 4: Der mittlere Anteil der Teileinzugsgebiete am Schwebstoffaustrag im Lainbachtal während der Schneeschmelze (100 % = Gesamtfracht am Pegel Lainbach)

n = 7	Mittlerer Anteil (%)	Standardabweichung (%)	Variabilitätskoeffizient (%)
Kotlaine	72,1	25,6	35,5
Schmiedlaine	8,6	4,8	55,9
Lainbach i.e.S.*	19,3	22,6	117,0

*berechnet aus der Differenz zwischen der Summe aus Kotlaine und Schmiedlaine und dem gemessenen Gesamtaustrag am Pegel Lainbach

Deutlich wird der dominante Einfluß der Kotlaine (Kot-laine!)[1] auf den gesamten Feststoffaustrag. Die hohe Konzentration der Reißen (vgl. Abb. 3, S. 11) führt dazu, daß hier der Hauptteil der Schwebstoffe ausgespült wird.
Der Wald wirkt als Schutz vor Abtragung, da die Infiltrationsrate unter Wald höher als im Freiland ist (R. HERRMANN, 1977). Im Einzugsgebiet der Kotlaine ist der Beschirmungsgrad geringer als in den anderen Teilgebieten mit Ausnahme der Hochlagen. Hierin ist eine weitere Ursache für den hohen Feststoffaustrag aus diesem Teilgebiet zu sehen (vgl. Abb. 69, S. 111).

---

1) Die Namengebung verweist schon auf starken Feststofftransport und eine deutliche Trübung des Abflusses.

Im Gebiet des Lainbaches i.e.S. schwanken die Anteile der Schwebstofffracht am Gesamtaustrag besonders stark (hohe Variationskoeffizienten), da einerseits im Hochwinter hier Schwebstoffe sedimentiert werden (vgl. 4.1.1, S.24ff) und andererseits zu Beginn der Frühjahrsablation kurzfristig die westexponierte Haseleckreiße große Mengen Schwebstoffe liefert (vgl. 4.1.2, S. 41).

4.1.4.2.3 Möglichkeiten der Berechnung des Feststoffaustrages

Will man die gesamte Schwebstofffracht im Winterhalbjahr 1984/85 berechnen, muß von den gemessenen Werten auf nicht beprobte Ereignisse extrapoliert werden. Eine getrennte Behandlung der drei unterschiedlichen Ereignistypen (S. 57) erscheint dabei sinnvoll.

Die meisten Schwebstoffe werden während der Murgänge transportiert. Auf die Berechnung des Gesamtaustrages dieser Phase wurde schon eingegangen (4.1.2). Die wirkliche Größe dürfte eher an 3000 t heranreichen, wenn man bedenkt, daß auch die nachfolgenden Schmelzabflüsse im April noch große Mengen der durch Murgänge mobilisierten Feststoffe abtransportierten.

Die Berechnung des Schwebstoffaustrages während nicht gemessener Abflußereignisse wird bisher weitgehend über eine Beziehung zwischen der Abflußmenge und der Schwebstoffkonzentration durchgeführt (vgl. 1.1, S. 5). Für jedes Fließgewässer wird eigens eine Funktion anhand der gemessenen Werte berechnet. In der Regel handelt es sich dabei um eine Potenzfunktion. Eine Unterscheidung zwischen Sommer- und Winterhalbjahr erfolgt meist nicht.
Die häufig in neuerer Zeit durchgeführte Trennung der Stichprobenmenge in Schwebstoffkonzentrationen, die bei ansteigenden bzw. bei fallenden Wasserständen gemessen wurden, hat zu einer Verbesserung der Berechnungsgenauigkeit geführt; von befriedigenden Ergebnissen ist man allerdings noch weit entfernt

(D. E. WALLING, 1977). Eine getrennte Analyse von Schmelzwasserabflüssen erfolgte bisher nur in glazialen Abflußregimen.

Die Darstellung der Beziehung Abfluß/Schwebstoffkonzentration an den Pegeln Schmiedlaine, Kotlaine und Lainbach (Abb. 38, 39, 40) zeigt, daß die Güte des Zusammenhangs für eine Berechnung nicht beprobter Schmelzereignisse nicht ausreicht. Die Schwebstoffkonzentration verändert sich nicht kontinuierlich mit steigendem Abfluß, sondern variiert während eines Ereignisses bei kaum geändertem Abfluß (vgl. Abb. 39c). Insgesamt sinkt die Konzentration mit zunehmendem Schmelzwasserabfluß sogar ab, da die Erhöhung des Abflusses die Zufuhr von Schwebstoffen erheblich übersteigt. Würde nun der Abfluß für eine Berechnung des Stoffaustrages zugrundegelegt werden, dann ist mit sehr großen Ungenauigkeiten und einer erheblichen Überschätzung der Feststofffracht zu rechnen. Die Zeit erhöhten Abflusses während der Nachtstunden und die reduzierte Schwebstoffzulieferung nach Ausaperung der Reißen sind hierfür die Gründe. Auch der Versuch, die Schwebstofffracht eines Ereignisses mit dem jeweils maximalen Abfluß in Beziehung zu setzen, brachte wenig befriedigende Ergebnisse (Abb. 41). Die logarithmische Transformation führte ebenfalls nicht weiter, die Korrelation liegt mit 0,6 - 0,7 angesichts der geringen Stichprobenmenge für eine Berechnung des Schwebstoffaustrages zu niedrig. Eine Abschätzung des Schwebstoffaustrages muß aufgrund dieser Erfahrungen unabhängig von der Abflußmenge vorgenommen werden. Mehrere Möglichkeiten bieten sich hier an:
Vor der weiteren Bearbeitung wurden anhand der Abflußganglinie, des Temperaturverlaufes und des Strahlungsinputs die Tage mit vermuteten Schmelzwasserabflüssen bestimmt. Anhand der Schwebstofffrachten beprobter Ereignisse konnte jetzt aus der Kenntnis Witterungsverlaufes der Schwebstoffaustrag an Tagen geschätzt werden, die nicht beprobt wurden.
Eine enge Beziehung besteht zwischen der Schwebstofffracht während eines Schmelzereignisses und der Summe der täglichen Globalstrahlung, so daß hiermit eine weitere Möglichkeit vor-

Abbildung 38: Die Beziehung der Schwebstoffkonzentration zur Abflußmenge bei Schneeschmelzabflüssen am Pegel Schmiedlaine (nach eigenen Messungen)

a) bei steigendem Wasserstand

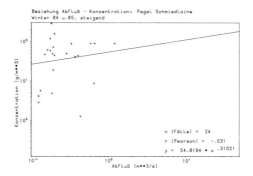

b) bei fallendem Wasserstand

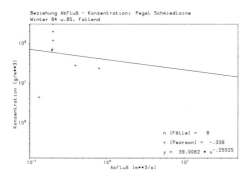

c) alle Messungen

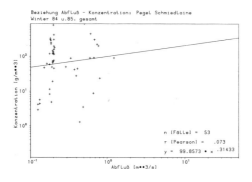

Abbildung 39: Die Beziehung der Schwebstoffkonzentration zur Abflußmenge bei Schneeschmelzabflüssen am Pegel Kotlaine (nach eigenen Messungen)

a) bei steigendem Wasserstand

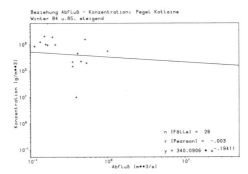

b) bei fallendem Wasserstand

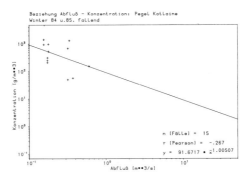

c) alle Messungen

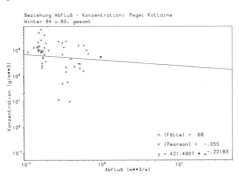

Abbildung 40: Die Beziehung der Schwebstoffkonzentration zur Abflußmenge bei Schneeschmelzabflüssen am Pegel Lainbach (nach eigenen Messungen)

a) bei steigendem Wasserstand

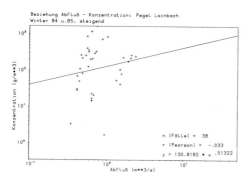

b) bei fallendem Wasserstand

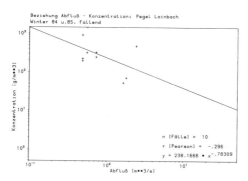

c) alle Messungen

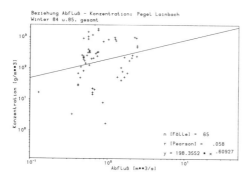

Abbildung 41: Die Beziehung des Schwebstoffaustrages während eines Schneeschmelzereignisses zum erreichten Spitzenabfluß (nach eigenen Messungen)

a) Pegel Kotlaine

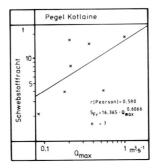

b) Pegel Schmiedlaine

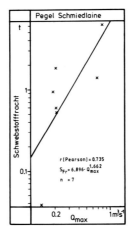

c) Pegel Lainbach

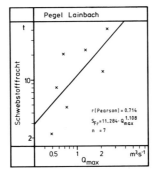

liegt, mit Hilfe der Einstrahlung den Schwebstoffaustrag zu
schätzen. Diese Beziehung ließ sich durch eine logarithmische
Transformation weiter verbessern (Abb. 42). Sie gilt allerdings
nur für den Zeitraum des Hoch- und Spätwinters, da hier die südexponierten Reißen in erster Linie den Schwebstoff liefern und
gleichzeitig auf die Änderung der Energiezufuhr rasch reagieren.
Während der Frühjahrsablation wird insgesamt bei nicht wesentlich höherer Einstrahlung mehr Schwebstoff transportiert, da
große Teile der ausgedehnten nordexponierten Feststoffherde
ausapern. Hier könnte nach weiteren Messungen des Schmelzaus-
trags, die im Frühjahr 1985 durch Murgänge verhindert wurden,
ebenfalls eine Beziehung der Schwebstofffracht zur Summe der
täglichen Globalstrahlung gefunden werden, die sich aber von
der Beziehung im Hoch- und Spätwinter unterscheiden muß.
Damit ergeben sich aus drei verschiedenen Möglichkeiten der Berechnung des Schwebstoffaustrages im Hoch- und Spätwinter
(Januar - März) im Jahr 1984/85 folgende Schätzwerte:

1. Übertragung der Schwebstoffmessungen auf der
   Basis hydrologischer und meteorologischer Daten
   auf nicht beprobte Schmelzereignisse
   (Abfluß, Lufttemperatur, Niederschlag, Globalstrahlung, Messung der Schneerücklage)   136,8 t
2. Berechnung auf der Basis einer linearen Beziehung
   zwischen dem täglichen Schwebstoffaustrag und
   der Summe der täglichen Globalstrahlung (Werte
   der Station Hohenpeißenberg)   155,2 t
3. wie 2, aber auf der Grundlage einer exponentiellen
   Beziehung zwischen den Parametern   143,4 t

Die Ergebnisse der drei Verfahren stimmen recht gut überein,
wobei eine gewisse Schwierigkeit durch die Auswahl der Tage
mit Schmelzabfluß auftritt. Der damit einfließende Fehler ist
aber nicht sehr gravierend, da der Schwebstoffaustrag an Tagen,
die nicht berücksichtigt wurden, bei Temperaturen um den Gefrierpunkt und niedriger Einstrahlung nur sehr gering sein kann.
Zu den hoch- und spätwinterlichen Frachten bei Schneeschmelzabfluß ist die Menge der Feststoffe hinzuzurechnen, die vor

Abbildung 42: Der Zusammenhang zwischen der Summe der täglichen Globalstrahlung und der Schwebstofffracht bei Schneeschmelzabflüssen (nach eigenen Messungen der Schwebstofffracht und Daten der Globalstrahlung des met. Observatoriums Hohenpeißenberg)

a) lineare Darstellung

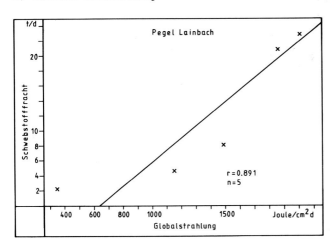

b) logarithmische Darstellung

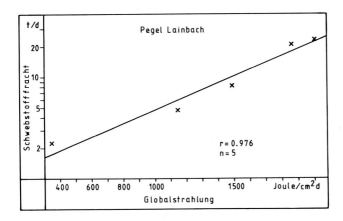

den Murgängen im Frühjahr transportiert wurden. Sie kann grob mit 120 t geschätzt werden; wobei für zwei der sechs Tage konkrete Meßwerte vorliegen.
Damit ergibt sich die Gesamtsumme des Schwebstoffaustrages durch Schneeschmelzabflüsse von ca. 265 t im Winter 1984/85. Der Schätzfehler liegt dabei in der Dimension von 10er Tonnen.

4.1.4.3 Schwebstoffaustrag durch Regenniederschläge im Winterhalbjahr

Die Bilanz des Feststoffaustrages während des Winterhalbjahres wird im Lainbachtal entscheidend durch Hochwasserereignisse nach Regenniederschlägen geprägt (4.1.3). Diese treten mehrfach während eines Winters in unteren alpinen Lagen auf (vgl. Abb. 9, S. 23).
Der Schwebstoffaustrag am 23./24.1.1985 kann ziemlich exakt mit 205 t angegeben werden.
Um die Monatswende Januar/Februar wurde die Schwebstofführung während der Niederschlagsperiode durch einzelne Stichproben gemessen. Der gesamte Schwebstoffaustrag läßt sich daher grob zu 250 t in drei Tagen abschätzen.
Aufgrund dieser Erfahrungen wurde der Feststoffaustrag während nicht beprobter Abflüsse der Regenperiode in der ersten Februardekade (vgl. Abb. 9, S. 23) mit ca. 150 t bestimmt. Damit ergibt sich ein geschätzter Schwebstoffaustrag durch Regenniederschläge im Hoch- und Spätwinter 1985 von 605 t. Der mögliche Schätzfehler ist in diesem Zeitraum im Bereich von $\pm$100 t zu erwarten.

4.1.4.4 Die Schwebstofffracht im Winterhalbjahr

Die Summe der Schwebstofffrachten während der Schneeschmelzperioden und Regenereignisse ergibt einen Gesamtaustrag im Winterhalbjahr 1984/85 von 750 - 950 t.
Um die Übertragbarkeit dieser Ereignisse auf andere Jahre zu überprüfen, sollen die Abweichungen der Witterungsentwicklung im

Untersuchungszeitraum von der Regel und ihre Auswirkungen auf den Schwebstoffaustrag kurz dargestellt werden.
Berücksichtigt man, wie eingangs erwähnt (S. 56f), daß die Niederschlagshöhe im Untersuchungszeitraum unterdurchschnittlich war, müßte in anderen Jahren mit einem höheren Feststoffaustrag zu rechnen sein.
Dagegen spricht, daß der Hochwinter meist durch eine kalte Phase ohne starke Schmelzperioden mit Regenniederschlägen gekennzeichnet ist. Da gerade die Regenereignisse, wie nachgewiesen wurde, den größten Teil des Sedimentaustrags bewirken, kann davon ausgegangen werden, daß im untersuchten Winter trotz einer geringeren Niederschlagssumme hier überdurchschnittlich starker Schwebstoffaustrag auftrat.
Angemerkt sei ferner, daß ein ausgeprägtes Weihnachtstauwetter ausblieb. In anderen Jahren wurde sicherlich ein wesentlicher Teil des winterlichen Feststoffaustrages während dieser Periode - häufig in Verbindung mit Regenniederschlägen - transportiert. Aufgrund fehlender Messungen in anderen Jahren lassen sich die einzelnen Einflüsse nicht näher quantifizieren. Die Abweichungen des Schwebstoffaustrags im Winter 1984/85 vom Durchschnitt scheinen sich aber auszugleichen, so daß für eine grobe Abschätzung des winterlichen Schwebstoffaustrags ein Wert von 1000 ± 400 t im Lainbachtal angenommen werden kann.

Murgänge sollten zunächst einmal gesondert betrachtet werden (4.2), da die Wiederkehrperiode dieser Ereignisse bisher nicht bestimmt werden konnte. Die Menge des Schwebstoffaustrages übersteigt die regen- und schmelzwasserinduzierten winterlichen Feststofffrachten etwa um das Dreifache. Im Frühjahr 1985 dominieren die Murgänge deutlich das Bild des gesamten Schwebstoffaustrages sowohl im Hinblick auf die maximale Schwebstoffführung als auch auf die höchste Schwebstoffkonzentration.

4.2 Exkurs: Morphodynamische Prozesse in den Erosionskesseln

Das Einzugsgebiet des Lainbaches ist im Höhenintervall unter 1050 m ü.NN durchsetzt von einer Vielzahl kleiner Blaiken und großer Reißen. Aus ihnen gelangt der überwiegende Teil der transportierten Sedimente in die Vorfluter. Es ist daher notwendig, auf die Abtragungsprozesse, die im Bereich der Erosionskessel stattfinden, näher einzugehen. Zunächst sollen einige Hinweise auf die Entwicklung der Erosionsformen in historischer Zeit gegeben werden.

4.2.1 Zur Entwicklung der Reißen

Die periglaziale und glaziale Talverfüllung ist im Lainbachtal während der Würmvereisung bis zu einer Höhe von maximal 1030 m ü.NN sedimentiert worden. Diese am Nordrand der Alpen häufig auftretenden Ablagerungen entstanden, als die mächtigen Talgletscher aus den Alpentälern ins Vorland vorstießen und den in Richtung des Streichens der geologischen Schichten nach Osten oder Westen entwässernden Nebenbächen den Talausgang verstellten. Der reichlich anfallende Verwitterungsschutt sammelte sich in den Tälern an. Diese Sedimente wurden im Hochglazial von Moränen des Ferneises überlagert.
Nördlich der Benediktenwand entstand zudem eine kleine Lokalvereisung. Aus den Karen stießen die Gletscher nur wenig weit ins Tal vor. Lokalmoränenreste befinden sich am Eibelsfleck und am Tiefental (vgl. Abb. 5, S. 15). Sie überdecken allenfalls randlich die Stausedimente. Zwischen den Moränenrücken bildeten sich auf den schlecht wasserwegigen ton- und schluffreichen Sedimenten der Talverfüllung zahlreiche Moore und Vernässungszonen.
Insgesamt wurde ein Gebiet von ca. 7,25 km² im Lainbachtal durch Stausedimente überdeckt. Dies entspricht 38,4 % des gesamten Einzugsgebietes. Grundlage der Berechnung war eine Obergrenze der Ablagerungen von 1000 m ü.NN im Norden und 1030 m ü.NN im südlichen Teil. J. KARL (1983) kommt zu einer Überdeckung

von 6,5 km². Die Unterschiede beruhen einerseits darauf, daß die Höhenlage bei J. KARL etwas niedriger angenommen wurde, andererseits ist die Lage des Loisachgletschers während der Sedimentation nur zu vermuten. Die hier angenommene Höhenlage basiert auf Ergebnissen seismischer und geoelektrischer Untersuchungen des Bayerischen Geologischen Landesamtes (1985). Im Gebiet der Melcherreiße liegt die Oberkante der Stausedimente bei 1020 m ü.NN.

Mit dem Abschmelzen des Loisachgletschers begann eine Phase intensiver Ausräumung der Lockersedimente. Für die weitere Entwicklung im Holozän kann angenommen werden, daß mit dem Aufbau einer geschlossenen Gehölzvegetation auch die Erosion der Lockersedimente stark zurückging. Dieser Zeitraum ist bisher ebensowenig bekannt, wie die Frage beantwortet werden kann, ob die rezenten Reißen als Reste der spät- bis postpleistozänen Ausräumung überdauert haben oder ob sie in der Folgezeit neu entstanden sind.

Die erste verläßliche Karte des Lainbachtales stammt aus dem Jahr 1860. Die großen Reißen und viele kleine Blaiken sind schon in der Mitte des 19. Jahrhunderts kartiert worden (Abb. 43a). Die Flächen in den großen Anrissen weisen keine Vegetationssignaturen auf. Danach wären zu diesem Zeitpunkt insgesamt 22,0 ha ohne Bewuchs. Bis zum Jahr 1983 hat die Abtragung in allen Reißen zu einer Vergrößerung der Anrisse geführt (um 6,25 ha, Abb. 43a). Der vegetationslose Flächenanteil hat dagegen von 22 ha auf 16 ha abgenommen. Zählt man dagegen noch die Standorte hinzu, die nur mit schütterer Grasvegetation bewachsen sind, erhöht sich der erosionsgefährdete Flächenanteil in den Reißen vom Jahr 1860 bis zum Jahr 1983 beträchtlich. Eine eindeutige Abgrenzung ist bei fliessenden Übergängen schwer zu treffen (Abb. 43 b). Die Wiederbegrünung setzt zunächst an den flacheren Unterhängen an. Unterstützt wird dieser natürliche Vorgang durch die technische und ingenieurbiologische Verbauung. Mit der technischen Verbauung - Quer- und Längsbauwerke in den Reißen und im Bachverlauf begann man am Ende des 19. Jahrhunderts. Aus diesem Anlaß wurde die frisch verbaute Melcherreiße photographiert (Abb. 44a). Baumbewuchs im unteren Bereich des Kessels

Abbildung 43a: Der Anteil der vegetationslosen Flächen im Bereich der Lockersedimente der Talverfüllung im Lainbachtal (topographische Grundlage: Topographische Karte im Maßstab 1:10000, Bl. 8334 Kochel NE)

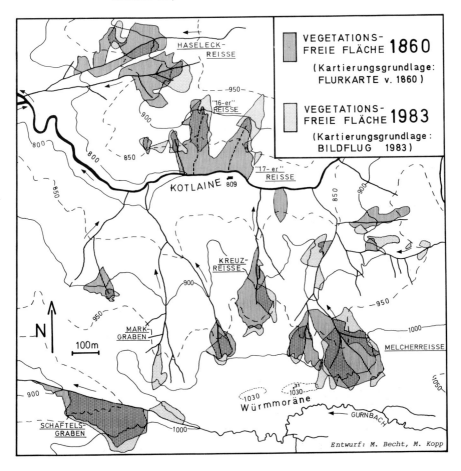

zeigt, daß dort schon längere Zeit Vegetation stockt. Bis zum Jahre 1909 hatte sich der Anteil der bewachsenen Fläche nicht wesentlich erhöht (Abb. 44b), so daß auch rückblickend fehlende Signaturen auf der Karte aus dem Jahre 1860 mit großer Wahrscheinlichkeit nicht als Hinweis auf einem vegetationslosen Zustand interpretiert werden dürfen. Eine so rasche Zunahme des

- 74 -

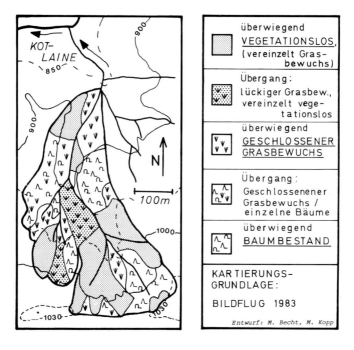

Abbildung 43b: Die Vegetationsbedeckung in der Melcherreiße
(kartiert aus Luftbildern, 1983; Grundlage:
Topographische Karte im Maßstab 1:10000, Bl.
8334 Kochel NE)

Bewuchses hätte sich - falls überhaupt vorstellbar - noch weiter fortsetzen müssen.
Im östlichen Teil der Reiße sind die Erosionsschäden bis heute weitgehend verwachsen (Abb. 45). Eine Ausdehnung der erodierten Flächen erfolgte besonders in Richtung SW (Abb. 43).

Erst nach dem zweiten Weltkrieg wurde die Wildbachverbauung dann wieder intensiviert. Bis heute sind im gesamten Lainbach bis hinauf in den Oberlauf der Kotlaine zahlreiche Sperren eingerichtet worden. Die biologischen Maßnahmen - Pflanzen von Grauerlen und Fichten, Rasensaat - sind besonders ab 1965 durchgeführt worden (lt. freundlicher Mitteilung von Herrn Baudirektor A. KUPFER, Wasserwirtschaftsamt Weilheim).

Abbildung 44a: Die Melcherreiße nach der ersten technischen
            Verbauung im Jahre 1895
            (Photographie: Wasserwirtschaftsamt Weilheim)

Abbildung 44b: Die Melcherreiße im Jahre 1909
            (Photographie: Wasserwirtschaftsamt Weilheim)

Zwischen 1950 und 1960 wurde auch die 16er und 17er Reiße technisch verbaut. Die großen, unbewachsenen Schwemmfächer (Abb. 46a) am Fuß der Erosionsanrisse weisen auf starke Erosion vor dem Eingriff hin.
Bis zum heutigen Zeitpunkt ist durch die Maßnahmen eine deutliche Beruhigung eingetreten, die zur Folge hat, daß auf großen Teilen im unteren Hangbereich dichte Vegetation gedeihen kann (Abb. 47). Die biologischen Maßnahmen haben die natürliche Ansiedlung der Pflanzen, die auch auf den Photographien aus dem Jahre 1895 (Abb. 46b) schon sichtbar sind, wesentlich verstärkt.

H. JÄCKLI (1957) berichtet aus dem Rungsrüfi im bündnerischen Rheingebiet eine rasche Zunahme der Erosionsschäden im 19. Jahr-

Abbildung 45: Die Melcherreiße im Jahre 1983
(Luftbild, freigegeben durch die Reg. von Obb., Nr. 6/7 89359)

hundert. Das Gebiet wird vollständig von Moränen überdeckt, die von lokalen Schottern überlagert sind, einem Substrat also, das ebenso erosionsanfällig ist, wie die Sedimente im Lainbachtal. Um 1820 war das Rungsrüfi noch vollständig bewaldet. Mitte des 19. Jahrhunderts bildeten sich dann erste Erosionsanrisse, die sich rasch vergrößerten. Die Ursache der Veränderung der Abtragungsbedingungen wird nicht genannt. Nach anfänglich sehr schneller Entwicklung der Reißen erfolgte mit zunehmender Reife (H. JÄCKLI, 1958) der Anrisse ihre Wiederbegrünung. Es verzögerte sich also die Abtragung. Ob eine Erosionsform rezent oder fossil ist, beurteilt JÄCKLI danach, ob bei einem extremen Niederschlag

Abbildung 46: Vegetationsbedeckung vor der technischen und
ingenieurbiologischen Verbauung der 16er und
17er Reiße, 1953

a) 1953 (Photographie: Wasserwirtschaftsamt Weilheim)

b) 1895 (Photographie: Wasserwirtschaftsamt Weilheim)

starke Erosion bzw. Denudation im betreffenden Gebiet möglich ist.

Im Lainbachtal kann man davon ausgehen, daß 50jährige Fichten hinsichtlich der Resistenz gegenüber der fluvialen Abtragung auf ausreichend gesicherten Standorten stocken. Dagegen führen gravitative Massenbewegungen in der Melcherreiße aktuell auch auf

Abbildung 47: Vegetationsbedeckung in der 17er Reiße im Jahre 1985 im Lainbachtal
(rechte Reiße aus Abb. 46, Photographie M. BECHT)

solchen vermeintlich stabilen Flächen zu einer erneuten Mobilisierung der Schuttmassen. Daher haben die Erfolge der Wiederbegrünung im Lainbachtal solange vorläufigen Charakter, als die eigentlichen Feststoffherde noch aktiv sind.
Wesentlich zu einer Verbesserung der Gesamtsituation hat sicher die Aufgabe der Waldweide im Jahr 1959 (nach W. GROTTENTALER und W. LAATSCH, 1973) in den gefährdeten Gebieten beigetragen.

4.2.2 Rezente Abtragung

Die Abtragung erfolgt heute in den pleistozänen Lockersedimenten durch Abspülung, Rutschungen und Murgänge bzw. Schuttströme. Der fluvialen Erosion kommt gegenüber den selten auftretenden gravitativen Massenbewegungen die größere Bedeutung zu. Jeder Regenniederschlag führt zu Sedimentaustrag aus den Reißen, da

der Anteil des direkten Abflusses aufgrund einer schlechten Wasserwegigkeit und fehlender oder schütterer Vegetationsbedeckung hoch ist. W. GROTTENTALER und W. LAATSCH (1973) geben einen Durchlässigkeitsbeiwert der Stausedimente von 10^{-7} cm/sec an. Selbst länger anhaltende Niederschläge bewirken daher nur eine oberflächliche Durchfeuchtung der Sedimente. Damit kann aber das Material leichter abgespült werden.
Schneeschmelzperioden führen zu einer starken oberflächlichen Durchfeuchtung. Der Schwebstoffaustrag während nachfolgender Regenniederschläge ist daher besonders hoch (vgl. 4.1.3, S.52f).
Während das Lockermaterial durch die fluviale Formung aus den Reißen ausgeräumt wird, vergrößert sich die morphologische Form der Erosionsanrisse vorwiegend durch gravitative Massenbewegungen. Drei vorherrschende Formen sind hier beteiligt:

1. Abbrechen von Bodenschollen an der Anrißkante
2. Großflächige Rutschungen des Oberhanges
3. Murgänge / Schuttströme

4.2.2.1 Das Abbrechen des Bodens an der Anrißkante

Die Bodenschollen brechen mit dem Baumbestand oberflächlich ab, nachdem Hangzuwasser den Boden unterspült hat und die Stabilität verloren gegangen ist. Wind spielt als letztlich auslösende Ursache eine entscheidende Rolle (Abb. 48). Die Schollen mit dem darauf stockenden Baumbestand rutschen einige 10er Meter weit in den Erosionskessel. Die Bodenschicht an der Abrißkante wird bis auf den C-Horizont abgetragen, der dann ungeschützt der Erosion ausgesetzt ist. Die abgerutschte Scholle kann oft jahrelang in der Reiße liegen, ehe ein Weitertransport erfolgt, da sie selbst nach Starkregen aufgrund der bisherigen Beobachtungen ihre Lage nicht verändert.
Diese Abtragung an der Anrißkante tritt mehrfach während eines Jahres an einzelnen Reißen im Lainbachtal auf. Großflächige Rutschungen sind dagegen äußerst selten zu beobachten.

Abbildung 48a: Abbruch einer Erdscholle an der Anrißkante der Melcherreiße (Photo am 3.6.1985) im Lainbachtal (Photographie M. BECHT)

Abbildung 48b: Erdscholle als zusammenhängender Block nach dem Abrutschen in den Reißenkessel (Photographie am 8.6.1985, M. BECHT)

4.2.2.2 Murgänge und Rutschungen als Folge von Hangbewegungen in der Melcherreiße

Seit mindestens zwanzig Jahren sind im Lainbachtal keine großen Hangbewegungen aufgetreten (lt. freundlicher Mitteilung des Flußmeisters WAGNER).
Im Sommer 1984 zeigten sich dann erste Zugrisse und Hangbewegungen an der Oberkante der Melcherreiße (Abb. 49) im westlichen Teil des Kessels. Wie sich im Laufe der nächsten Monate heraus-

Abbildung 49: Große Zugrisse am Oberhang der Melcherreiße im Juli 1984 (Photographie M. BECHT)

stellte, war der gesamte Bereich rezenter Abtragung (vgl. Abb. 43) am Oberhang auf einer Breite von etwa 150 m in Bewegung geraten. Die Geschwindigkeit der Setzung wurde im westlichen Teil (Abb. 50) durch wiederholte Vermessungen festgestellt (Abb. 51). Die zunächst noch geringe Bewegung der Scholle zeigte eine Abhängigkeit vom Niederschlagsinput. Im Sommer wurde nach kräftigen Landregen am 11.8.1984 und 17.9.1984 jeweils eine stärkere Hangbewegung registriert (Abb. 51).

Abbildung 50: Lage der Profillinie der Hangvermessung (Abb. 51) an der Oberkante der Melcherreiße im Lainbachtal (Luftbild, 1983, freigegeben durch die Reg. v. Obb., Nr. 6/7 89359)

Eine erneute Mobilisierung des Hanges kann offenbar erst erfolgen, nachdem eine Zeitspanne verstrichen ist. Kräftige Niederschläge nach einer Bewegung haben daher keine meßbaren Auswirkungen auf die Rutschungsbewegung. Schon 1984 wurde deutlich, daß sich der Hang auch in trockenen Perioden nicht vollständig beruhigt. Im niederschlagsarmen Herbst rutschte die Scholle bis zum 16.11.1984 noch einmal kräftig ab. Die Bewegungen erfolgen nicht kontinuierlich, sondern in einzelnen Schüben.

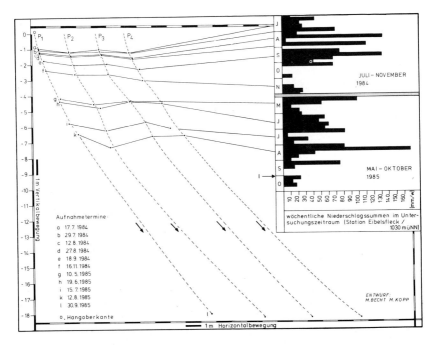

Abbildung 51: Vermessung der Hangbewegungen in der Melcherreiße in den Jahren 1984 und 1985 (nach eigenen Messungen)

Die tiefgreifende Rotationsrutschung (G. BUNZA et al., 1976) hatte zur Folge, daß im Vorfeld des Rutschkomplexes in dem Erosionskessel eine beträchtliche Menge der Lockersedimente akkumuliert wurde (Abb. 52).
Mit der Frühjahrsablation und dem Auftauen des gefrorenen Untergrundes begann im April 1985 nach monatelangem Stillstand eine Phase starker Hangbewegungen mit Murgängen. Die Abrißnischen (vgl. Abb. 27, S. 46) lagen genau im Gebiet der durch die Rutschung gestauchten Lockersedimente. Daran anschließend folgte wiederum eine Phase morphodynamischer Ruhe.
Während der niederschlagslosen Zeit im September 1985 endete vorläufig die Rutschung mit einem sehr schnellen Nachsacken des gesamten Komplexes um eine Vertikaldistanz von 11 m (Abb. 53). Nach diesem Ereignis konnte bis zum Dezember 1985 keine Lageveränderung festgestellt werden.

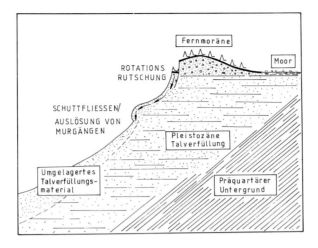

Abbildung 52: Schematische Darstellung des Hangprofils der Melcherreiße

Abbildung 53a: Der Oberhang der Melcherreiße am 30.9.1985 nach kräftiger Absenkung des Rutschungskomplexes (Photographie M. BECHT)

Abbildung 53b: Erdgang nach kräftiger Hangbewegung am Oberhang der Melcherreiße (Abb. 53a; Photographie M. BECHT)

Die abgerutschte Scholle blieb während des gesamtes Prozesses als Ganzes erhalten. Die Unterschiede der Vertikalbewegungen an den Meßpunkten waren gering (Abb. 51). Dies läßt darauf schließen, daß es sich um eine tiefgreifende Rutschung einer größeren Scholle handelt.

Da die Rutschungsgeschwindigkeit nicht allein vom Niederschlag abhängt, müssen weitere Einflüsse berücksichtigt werden, um auch die Aktivität in Trockenphasen erklären zu können. Da in der Melcherreiße auch nach langen Hitzeperioden im Sommer noch geringer Abfluß auftritt, muß angenommen werden, daß ein Zufluß im Grundwasserbereich von umliegenden Gebieten besteht. Südlich der Oberkante der Reiße schließt sich auf schluffigen Sedimenten der Talverfüllung ein Feuchtgebiet (Gurnmoos) an. Die Lage des Gurnmooses zwischen zwei Moränenzügen des Ferneises läßt vermuten, daß hier ein Eisrandsee bestand. Die Verbindung zur Melcherreiße könnte durch einen Grundwasserstrom entlang der Oberfläche der Talverfüllung bestehen. Die auflagernden Moränenreste, die in der Reiße angeschnitten sind, müßten dann durchflossen werden (Abb. 52). Ein in Richtung des Talausganges gerichtetes Gefälle der Oberfläche der Stausedimente ist aufgrund der Schüttungsrichtung vorauszusetzen. Die größere Wasserwegigkeit der Moränenauflage bestätigte sich durch die Untersuchungen des Geologischen Landesamtes.

Hinzu kommen die Sickerwässer , die in das Moränenmaterial selbst eindringen. Die in Abbildung 54 gezeigten Quellaustritte sind

Abbildung 54: Austretender Interflow am Oberhang der Melcherreiße nach Regenniederschlägen (August 1985, Photographie M. BECHT)

auf die beschriebene Herkunft zurückzuführen. Sie versiegen allerdings schon nach wenigen Tagen, da der Zustrom an Grundwasser geringer als die sommerliche Verdunstungsrate ist (W. GROTTENTALER und W. LAATSCH, 1973). Daher ist es sinnvoller, hier vorwiegend von Interflow zu sprechen. Da die Rutschungskomplexe aber wesentlich tiefer in den Untergrund reichen, ist anzunehmen, daß der Interflow nicht als auslösende Ursache für die großen Hangprozesse gelten kann.
In anderen Reißen tritt ebenfalls Interflow nahe der Oberkante aus, wenngleich er dort nicht so kräftig ausgebildet ist. Es zeigte sich aber bisher im Gebiet der Talverfüllung keine weitere Rotationsrutschung.
Die Grundwasserspeisung des Melcherbaches deutet darauf hin, daß ein Zustrom aus weiter entfernten Gebieten besteht. Die refraktionsseismischen Untersuchungen haben ergeben, daß der präquartäre Felsuntergrund am Oberhang der Melcherreiße ein Tal ausweist. Die Mächtigkeit des Quartärs beträgt maximal 150 m. Es ist nun möglich, daß es langsame Grundwasserbewegungen entlang der präquartären Talanlage gibt, die im tieferen Untergrund der Stausedimente in der Melcherreiße zu einer Destabilisierung des Substrates führen. Da sich diese Wasserbewegungen wohl über längere Zeiträume erstrecken, ist hier auch nicht mit spontanen Auswirkungen von Niederschlägen auf Rutschungen zu rechnen. An den einmal mobilisierten Hangpartien entstehen jedoch Klüfte, an denen Oberflächenwasser und Interflow, der an der stabilen Rückwand austritt, verstärkt eindringen kann, so daß dann auch direkte Auswirkungen von Niederschlägen auf die Rutschungsaktivität zu erwarten sind (vgl. Abb. 51).

Im Zusammenhang mit der Rotationsrutschung in der Melcherreiße traten Bewegungsvorgänge von weichplastischen bis dünnbreiigen Sedimentmassen auf. Während M. MOSER (1980) davon ausgeht, daß derartige quasiviskosen Fließvorgänge fast ausschließlich an Starkregen gebunden sind, muß im Bereich der Talverfüllung im Lainbachtal die enge Verbindung von Rutschung und Fließvorgang herausgestellt werden. Gerade der Impuls, der durch den nach-

sackenden Oberhang gegeben wird, führt offenbar zu einem Kohäsionsverlust des Materials. Eine hohe Wassersättigung im Untergrund muß dabei vorausgesetzt werden.
Die sich entwickelnden weichplastischen bis fließenden Bewegungen der Schuttmassen sind in Erd- und Murgänge zu unterteilen. Murgänge treten nach den bisherigen Erfahrungen nur während der Schneeschmelze auf. Der Gewichtsanteil der Feststoffe am Pegel Melcherreiße schwankte zwischen 30 und 50 %. Er liegt noch im Bereich der schon von J. STINY (1910) für Muren angegebenen Größenordnung.

Im Zusammenhang mit sommerlichen Hangbewegungen treten Erdgänge auf (Abb. 53a). Sie unterscheiden sich von Murgängen durch einen wesentlich niedrigeren Wassergehalt. Die Transportweite ist daher auch geringer. Schon nach wenigen 100 m kommen die Erdgänge zum Stehen, nachdem das Gefälle am Austritt aus dem Reißenkessel auf 20 % und weniger sinkt (Abb. 55).
G. M. SMART und M. N. R. JAEGGI (1983) haben in Laborversuchen ein Gefälle von 20 % als Grenzwert zwischen dem Sedimenttransport im Fließen der Gewässer (< 20 %) und murartigen Abflüssen (> 20 %) ermittelt. Dieser Schwellenwert scheint sich im Lainbachtal für Erdgänge zu bestätigen.
Murgänge während der Schneeschmelze erreichten noch die Mündung in die Kotlaine (vgl. Abb. 2, S. 10), wenngleich der Abfluß durch seitliche Zuflüsse in den Melcherbach seinen murartigen Charakter weitgehend durch den höheren Wassergehalt vorloren hatte. Es besteht ein fließender Übergang vom Murgang zum Abfluß eines Baches mit starkem Sedimenttrieb. Die große Reichweite dieser Murgänge ist sicher auch mit dem hohen Eis- und Schneeanteil des Schlammes zu erklären.

Die Auslösung der Muren wie auch der Erdgänge ist nach K. SASSA (1984) darauf zurückzuführen, daß durch Rutschungen - des Hanges - der Druck auf die wassergesättigte Zone im Sedimentkörper erhöht wird. Die Struktur des Lockersedimentes ist damit soweit zerstört, daß die wassergesättigte Zone als Gleithorizont wirkt. Als Voraussetzung kommt hinzu, daß in dem Bereich des Grundwassers Feinmaterial aus dem Schuttkörper ausgespült wird und sich so-

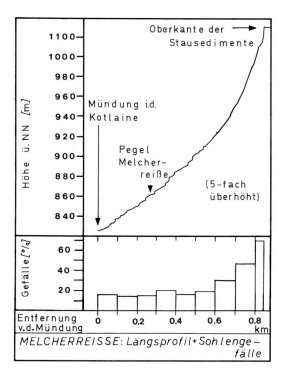

Abbildung 55: Längsprofil der Melcherreiße und des Melcherbaches bis zur Mündung in die Kotlaine (nach eigenen Messungen)

mit der Wassergehalt der späteren Gleitschicht erhöhen kann. Dies könnte eine Erklärung für die nur sporadisch auftretenden Rutschungen und Erdgänge sein, da mit dem Ausspülen des Feinmaterials erst nach einiger Zeit wiederum ein Gleithorizont ausgebildet wird.

Das Vorkommen der hier beschriebenen gravitativen Massenbewegungen scheint im Lainbachtal an die spezielle Situation in der Melcherreiße gebunden zu sein.

4.2.3 Ursachen der räumlichen Differenzierung der Abtragungsprozesse in den Reißen des Lainbachtales

In der 17er Reiße herrscht die fluviale Abtragung vor. Das steilere Gefälle (Abb. 56) führt zu noch stärkerem Abtrag der Locker-

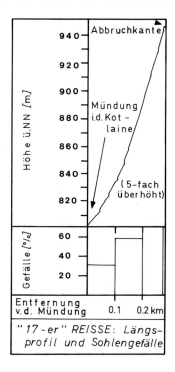

Abbildung 56: Längsprofil der 17er Reiße von der Abbruchkante bis zur Mündung in die Kotlaine (nach eigenen Messungen)

sedimente. Eine Zwischenlagerung des Materials in der Reiße, wie es nach der starken Rutschung in der Melcherreiße wiederum erfolgte (Abb. 55 bei 1015 m ü.NN), ist hier nicht zu beobachten. Ein größerer Grundwasserzustrom existiert nicht, so daß der Abfluß aus dieser Reiße - wie auch aus den übrigen großen Erosionsanrissen - in Trockenperioden schnell versiegt. Nach Regenniederschlägen tritt am Oberhang lediglich seichter Interflow aus. Er

trägt dazu bei, daß die oberen Bodenschollen unterspült werden und später abrutschen.
Die Abtragungsprozesse in der Melcherreiße, die zu einer starken Feststoffbelastung der Gewässer führen, sind damit als Sonderfall im Lainbachtal anzusehen. Die nordexponierte Lage, die eine Akkumulation der schneeigen Niederschläge während des Winters ohne zwischenzeitliche Ausaperung ermöglicht (vgl. 4.1.2, S.37ff), bewirkt ein stärkeres Feuchteangebot während der Frühjahrsschneeschmelze von der Oberfläche. Eine länger andauernde Bodengefrornis aufgrund der starken Abschattung (vgl. Abb. 12 und 16) führt dazu, daß sich der Porenwasserdruck im Grundwasser durch die Versiegelung der Oberfläche erhöht (W. GROTTENTALER und W. LAATSCH, 1973). Kurze Schneedeckenperioden, wie sie im Frühwinter auftreten, führen auch in der Melcherreiße nicht zu Murgängen und Rutschungen. Es ist zu vermuten, daß nicht der Schneereichtum eines Winters über den Abgang von Muren im Frühjahr entscheidet, sondern daß vielmehr das Auftreten langer, strenger Kälteperioden den ausschlaggebenden Anstieg des Porenwasserdruckes bewirkt.

Eine erneute Mobilisierung bereits abgerutschter Lockermassen ist im flacheren unteren Reißenbereich (< 20 % Gefälle) nicht möglich, da die Durchfeuchtung im Untergrund fehlt und die wasserstauenden Sedimente eine Aufweichung von der Oberfläche her verhindern. Ausgelegte markierte Steinreihen zeigten vom Herbst 1984 bis zum Winter 1985 keine Lageveränderungen. Die Schuttmassen werden durch fluviale Abtragung nach sommerlichen Regenfällen erodiert (Abb. 57).

Unterschiedliche Abtragungsprozesse in den großen Erosionsanrissen drücken sich in der morphologischen Form aus:
Während die typische Form eines Muschelanbruches (J. KARL und W. DANZ, 1969) auf gravitative Massenbewegungen (Rotationsrutschung), wie sie in der Melcherreiße auftreten, zurückgeführt werden kann, entsteht ein Feilenanriß (G. BUNZA, et al., 1976) bei vorherrschend fluvialer Abtragungsdynamik (16er / 17er Reiße, Abb. 47, S.79).
In welchen Zeiträumen sich Hangbewegungen, wie sie in der Mel-

Abbildung 57: Erosion des während der Murgänge im Melcherbach
akkumulierten Materials nach Regenniederschlägen
(Mai 1985, Photographie M. BECHT)

cherreiße beschrieben wurden, wiederholen, läßt sich nur schwer sagen. Die photographischen Aufnahmen aus dem Jahr 1909 (Abb. 44b, S. 76) lassen vermuten, daß sich zu dieser Zeit ähnliche Prozesse ereigneten. Sicher ist dies nicht.
Die Stabilität des Rückhanges und die damit verbundene Wahrscheinlichkeit erneuter Rutschungsaktivitäten wird auch durch die Ausräumung des Erosionskessels beeinflußt, da die Standfestigkeit nicht unabhängig von der Materialanhäufung ist. Zwischen den Phasen gravitativer Massenbewegungen liegen danach Perioden fluvialer Ausräumung, die einige 10er Jahre lang sein können.

4.3 Schwebstoffaustrag im Sommerhalbjahr

Das Sommerhalbjahr umfaßt den Zeitraum Mai - Oktober. Die Niederschläge fallen nahezu ausschließlich als Regen. Traten in den Monaten April und November kräftige Regenereignisse auf, wurden sie dem Sommerhalbjahr hinzugerechnet, da der Schwebstoffaustrag den für sommerliche Regenniederschläge charakteristischen Verlauf zeigte.
Die Probennahme beschränkte sich weitgehend auf Hochwasserabflüsse, da die Schwebstoffkonzentration im Niederigwasser mit 1 - 6 g/m³ außerordentlich gering ist. Eine sichtbare Trübung der Gewässer läßt sich dann nicht feststellen.
Die Menge des Schwebstoffaustrages ist abhängig von der Höhe, Dauer und Intensität der Niederschläge. Neben Landregen verschiedener Stärken sind daher besonders heftige Gewitterschauer in ihren Auswirkungen auf den Sedimentaustrag im Sommer zu untersuchen. In die von W.H. WISCHMEIER und D.P. SMITH (1963) entwickelte Bodenabtragsgleichung gehen noch weitere Faktoren wie die Erodierbarkeit der Böden, Hangneigung und -länge und die Bewirtschaftung ein, die im Rahmen dieser Untersuchungen für das Lainbachtal als konstant angesehen werden.

4.3.1 Gewitterniederschläge

Kräftige Gewitterschauer treten häufig am Ende sommerlicher Hitzeperioden auf und sind meist an schwach wirksame Fronten gebunden. Die Niederschlagsintensitäten und -mengen können auf engem Raum innerhalb des Einzugsgebietes stark variieren. Am 16.8.1984 lag der Kern einer kleinen Gewitterzelle über dem Gebiet der Melcherreiße und der 17er Reiße (Abb. 58).
Die zu erwartende Schwebstofffracht wird daher in diesem Fall höher sein, als bei einem vergleichbar starken Niederschlag im Bereich der Benediktenwand. Die Schwebstoffkonzentration stieg innerhalb weniger Minuten (Abb. 59, Pegel Kotlaine). Die Ganglinien zeigen, daß im Einzugsgebiet der Kotlaine kurz nacheinander zwei Gewitterschauer niedergingen, während im Bereich der Schmiedlaine nur ein markantes Ereignis registriert wurde.

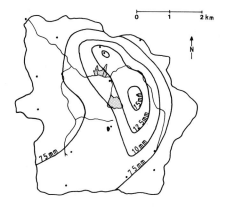

Abbildung 58: Die Niederschlagsverteilung im Lainbachtal am 16.8.1984 (17er Reiße und Melcherreiße gerastert dargestellt; nach eigenen Messungen)

Bei maximalen Niederschlagsintensitäten von 10 mm/15 Minuten im Bereich der Gewitterzelle kann von einem leichten Gewitterregen gesprochen werden.
Genau ein Jahr später ereignete sich dann ein schweres Gewitter (Abb. 60a). Die Niederschlagsintensitäten erreichten Spitzenwerte von bis zum 25 mm in weniger als 15 Minuten. Im Unterschied zum 16.8.1984 war die Verteilung der Niederschläge aus dieser großen Gewitterzelle wesentlich homogener (Abb. 60b). Die Schwebstoffkonzentration stieg bei diesem sehr viel kräftigeren Abfluß entsprechend höher an. Sie erreichte am Pegel Lainbach (Abb. 61) mit 26,2 kg/m³ den höchsten bisher dort gemessenen Wert.
Es ist fraglich, ob dieser Feststoffgehalt auch dem tatsächlich an diesem Tag transportierten Maximum entsprach, da die Probennahme erst mit dem Pegelhöchststand begann. Am Pegel Kotlaine und Schmiedlaine ist die maximale Schwebstoffkonzentration mit Sicherheit nicht gemessen worden. Der Zeitpunkt des Niederschlagsereignisses, der Durchgang des Abflußmaximums an den Pegeln im Oberlauf des Lainbaches und der sehr steile Abfall der Schwebstoffkonzentration bis zur zweiten Probennahme lassen den Schluß zu, daß die erste Messung am Lainbach wahrscheinlich

Abbildung 59: Ganglinien des Schwebstoffes und des Abflusses am 16.8.1984 an Kot- und Schmiedlaine sowie am Lainbach (nach eigenen Messungen)

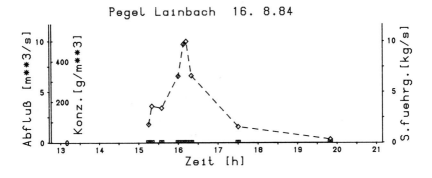

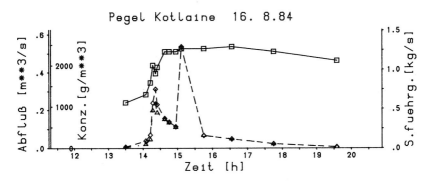

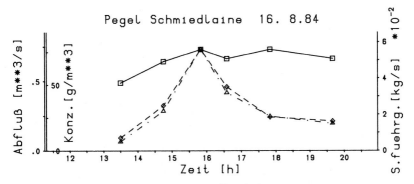

▲ · ▲: Schw. Fuehrung [kg/s]
◇ − ◇: Konzentration [g/m**3]
□——□: Abfluß [m**3/s]

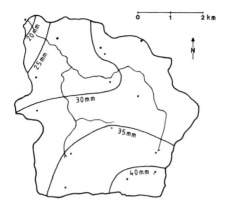

Abbildung 60a: Die Niederschlagsverteilung im Lainbachtal am 16.8.1985 (14 h - 17.30 h, nach eigenen Messungen)

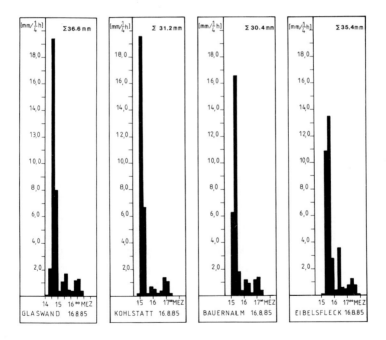

Abbildung 60b: Die Intensität der Niederschläge an einzelnen Meßstationen im Lainbachtal am 16.8.1985 (nach eigenen Messungen)

im Bereich des Höchststandes erfolgte. Die Pegelaufzeichnung war leider durch einen Defekt nicht korrekt.

Die Schwebstoffführung geht nach Gewitterniederschlägen besonders rasch auf geringe Werte zurück, da das Ende der Schauer meist so plötzlich erfolgt wie der Beginn. Die Sedimentzufuhr in die Vorfluter läßt mit dem Rückgang des Oberflächenabflusses stark nach, was sich schon während der Schmeeschmelze zeigte (vgl. 4.1.4, S. 58).
Die höchste Schwebstoffführung tritt in der Kotlaine vor der höchsten Wasserführung auf. Die Lage der Feststoffherde im Einzugsgebiet ist hierfür verantwortlich (vgl. 4.1.4 , S. 58f).
Am 16.8.1984 lag dagegen das Niederschlagszentrum über den großen Reißen, so daß dieser Bereich auch den höchsten Abfluß lieferte, die Peaks also zeitgleich am Pegel Kotlaine gemessen wurden (Abb.59).

Ein Vergleich der Menge des Schwebstoffaustrages aus den Teileinzugsgebieten ist aufgrund der großen Niederschlagsdifferenzen bei Gewitterschauern nicht sinnvoll.
Während des Hochwasserereignisses am 16.8.1984 lag der Gesamtaustrag aus dem Lainbachtal bei etwa 5 Tonnen. Der genaue Wert läßt sich nicht angeben, da der Pegel Lainbach durch große Schotterumlagerungen im Verlauf des Hochwassers am 11./12.8.1984 (vgl. Abb. 6, S. 19) außer Betrieb war (daher können auch nur Werte der Schwebstoffkonzentration in Abb. 59 wiedergegeben werden).
Es ist aber sicher anhand der bekannten Niederschlagsverteilung (Abb. 60a) davon auszugehen, daß die Summe aus dem Schmiedlaine- (0,56 t) und dem Kotlaineeinzugsgebiet (4,3 t) etwa dem Wert des Gesamtaustrages entspricht.
Am 16.8.1985 ließ sich die Schwebstofffracht ebenso nur abschätzen. Da der Beginn des Abflußanstieges aus den Pegelaufzeichnungen zu entnehmen war, ist bei linearer Verbindung mit dem Maximum der Fehler nicht allzu groß - vorausgesetzt, die erste Probennahme erfolgte im Maximum der Schwebstoffführung. Es ergab sich ein Gesamtaustrag von 360 t. Die tatsächlich transportierte Menge der Schwebstoffe könnte noch etwas darüber liegen.

Abbildung 61: Die Ganglinien des Schwebstoffes und des Abflusses am 16.8.1985 an Kot- und Schmiedlaine sowie am Lainbach (nach eigenen Messungen)

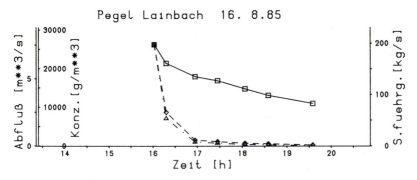

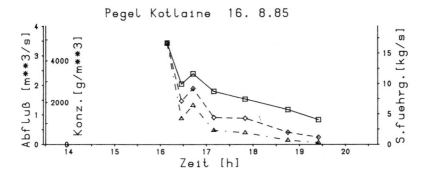

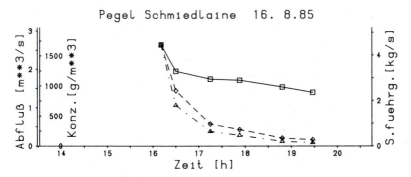

▲ ·· ▲ : Schw. Fuehrung [kg/s]
◇ — ◇ : Konzentration [g/m**3]
□ — □ : Abfluß [m**3/s]

4.3.2 Zyklonale Niederschlagsereignisse

Die horizontale Änderung der Niederschlagshöhe im Einzugsgebiet ist abhängig von den vorherrschenden Windrichtungen während des Ereignisses. Nach F. WILHELM (1975) treten bei sommerlichen Regenniederschlägen bevorzugt westliche bzw. nordwestliche Strömungen auf. Die Dominanz dieses Sektors der Windrose ist für Ereignisse mit hohen Niederschlagssummen sicher noch größer. Im Untersuchungszeitraum trat bei Niederschlagssummen > 20 mm im Gebietsmittel generell eine Zunahme der Regenmenge von NW nach SE bzw. von N nach S auf. Selten liegt das Niederschlagsmaximum im Norden oder Westen des Einzugsgebietes (F. WILHELM, 1975), da Luftströmungen mit südlichen Komponenten im Lee der E-W streichenden Benediktenwand nur zu geringen Niederschlägen führen. Diese Wetterlagen sind daher im Hinblick auf den Schwebstoffaustrag weniger relevant.

Die lokalen Schwankungen der Niederschlagshöhen sind während zyklonaler Ereignisse erheblich geringer als bei Gewitterregen. Eine unterschiedlich starke Feststoffzufuhr aus einzelnen Teilen des Lainbachtales ist daher weit mehr durch die Petrographie und Vegetationsbedeckung beeinflußt als durch die Variabilität der Niederschläge.

4.3.2.1 Schwebstoffaustrag bei Hochwasserabfluß

Die Abflußänderung ist während eines Hochwasserereignisses umso größer, je intensiver und andauernder die Niederschläge sind. Mit steigendem Anteil des direkten Abflusses verstärkt sich auch der Sedimenteintrag in die Vorfluter.
Mit nur geringer Verzögerung auf den Regenbeginn setzt auf vegetationslosen Flächenanteilen der Stausedimente der direkte Abfluß und damit der Abtrag ein. Bei geringen Niederschlagsmengen und -intensitäten liegt der Anteil des Oberflächenabflusses im gesamten Einzugsgebiet meist unter 10 % (SFB 81, A2, F. WILHELM, 1986), so daß die Ganglinie der Schwebstoffführung dieser Ereignisse dann nahezu unabhängig von der Abflußänderung erscheint (Abb. 62). Der Abflußpeak tritt erheblich später auf als die

Abbildung 62: Die Ganglinien des Schwebstoffes und des Abflusses an Kot- und Schmiedlaine sowie am Lainbach am 23.6.1984 (nach eigenen Messungen)

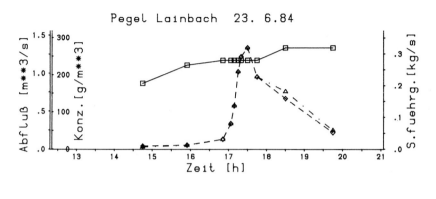

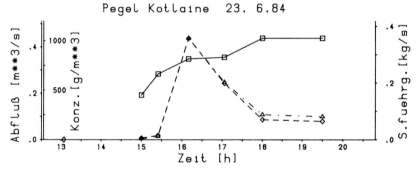

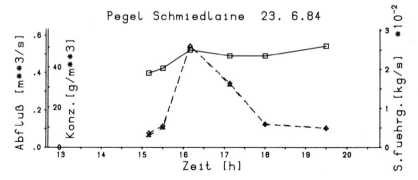

▲ ·· ▲ : Schw. Fuehrung [kg/s]
◆ − ◆ : Konzentration [g/m**3]
□——□ : Abfluß [m**3/s]

höchste Schwebstofführung. Der Zeitraum des Durchganges der
Schwebstoffwolke ist häufig gekennzeichnet durch fast gleichbleibenden Abfluß (Abb. 63). Die Schwebstofffracht ist insgesamt
(am 23.6.1984 mit nur 1,9 t, Pegel Lainbach) gering.

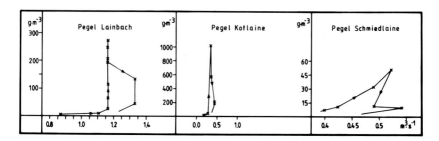

Abbildung 63: Hysteresisschleifen der Schwebstoffkonzentration
am 23.6.1984 an Kot- und Schmiedlaine sowie am
Lainbach (nach eigenen Messungen)

Nach kräftigen Regenschauern variiert auch die Abflußmenge stärker (Abb. 64). Die Hysteresisschleife (Abb. 65) zeigt, daß Abfluß und Schwebstoffmaximum jetzt zeitlich näher zusammenrücken.
Bis zu Abflußereignissen mittlerer Größenordnung, die im Zeitraum 1972 - 1985 jährlich mehrfach auftraten (SFB 81, A2, F.
WILHELM, 1986), liegt der Schwebstoffgipfel in der Regel vor der
Abflußspitze (Abb. 66).

Die Schwankung des Abflusses bzw. der Schwebstoffkonzentration
ist während sommerlicher Hochwasserabflüsse im Mittel an allen
Pegeln größer als bei Schmelzabflüssen. Die Tendenz wesentlich
stärkerer Spannweiten der Schwebstoffkonzentrationen (über 90 %
Schwankung bezogen auf den Maximalwert) gegenüber den Abflußmengen (45 - 50 % vom Maximalwert) bleibt aber erhalten, da der
Abfluß durch vorangegangene Niederschläge im Gegensatz zum Feststoffgehalt bei erneutem Anstieg des Abflusses meist noch nicht
auf Niedrigwasserniveau abgefallen ist.
Zwischen den Schwebstoffkonzentrationen, die im ansteigenden Ast
einer Hochwasserwelle gemessen wurden und denjenigen bei fallenden Wasserständen besteht ein gravierender Unterschied (Abb. 65,

Abbildung 64: Die Ganglinien des Schwebstoffes und des Abflusses am 1.7.1985 an Kot- und Schmiedlaine sowie am Lainbach (nach eigenen Messungen)

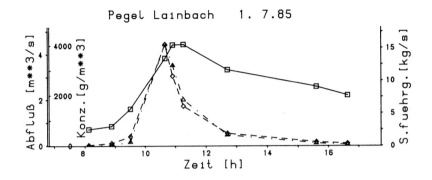

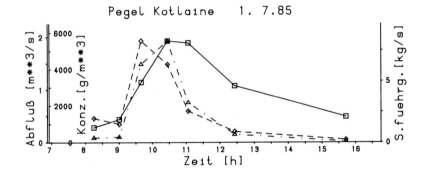

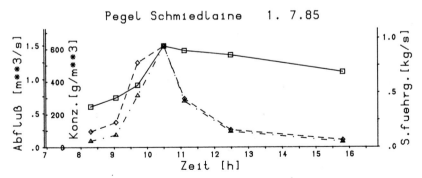

▲ ‧ ‧▲: Schw. Fuehrung [kg/s]
◆ – ◆: Konzentration [g/m**3]
□——□: Abfluß [m**3/s]

66). Die geringeren Schwebstoffkonzentrationen bei fallenden Wasserständen sind schon in vielen anderen Untersuchungen beschrieben worden (D. E. WALLING, 1978, H. ENGELSING und K.-H. NIPPES, 1979, G. PETTS und J. FOSTER, 1985 etc.) M. KLEIN (1984) zeigt aber, daß es sich nicht um eine allgemein gültige Regel handeln kann. Wie in 4.1 beschrieben, wird die Form der Hysteresisschleifen entscheidend durch die Lage der Feststoffherde im Einzugsgebiet geprägt. M. KLEIN führt aus, daß die Schwebstoffspitze früher auftritt, wenn die Sedimentquelle das Gerinne mit seinen Ufern selbst ist. Hingegen tritt das Abflußmaximum zuerst ein, wenn die Feststoffherde weit entfernt an den Oberhängen im Einzugsgebiet liegen. Fallen Schweb- und Abflußspitze zusammmen, liegt eine Vermischung der beiden Möglichkeiten vor.

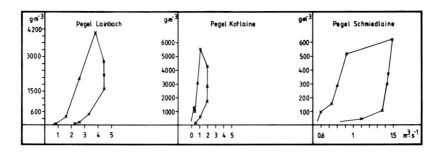

Abbildung 65: Hysteresisschleifen der Schwebstoffkonzentration am 1.7.1985 an Kot- und Schmiedlaine sowie am Lainbach (nach eigenen Messungen)

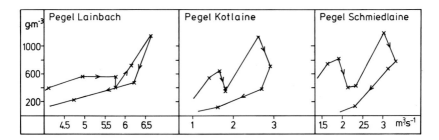

Abbildung 66: Hysteresisschleifen der Schwebstoffkonzentration am 16.9.1984 an Kot- und Schmiedlaine sowie am Lainbach (nach eigenen Messungen)

Diese Erklärung zeigt, daß durchaus auch bei fallenden Wasserständen höhere Schwebstoffkonzentrationen auftreten können (nach M. KLEIN als anticlockwise hysteresis zu bezeichnen).
Die Erfahrungen aus englischen Versuchsgebieten werden durch die Untersuchungen im Lainbacheinzugsgebiet voll bestätigt. Je stärker und andauernder der Niederschlag ist, desto weiter dehnt sich auch das Liefergebiet der Schwebstoffe aus. Es weitet sich über die bei Beginn der Niederschläge bzw. bei kleinen Ereignissen vorwiegend aktiven Abtragungszonen im Bereich der Talverfüllung hinaus aus. Der Sedimentaustrag erfaßt dann große Teile der bewaldeten Flyschhänge und das Gebiet der Allgäudecke (vgl. Abb. 2, S. 10). Er steigt mit wachsendem Abfluß exponentiell an. Betrug der Schwebstoffaustrag am Pegel Lainbach am 23.6.1984 noch ca. 2 t (Q_{max} 1,3 m³/s, Abb.63), stieg er am 1.7.1985 (Q_{max} 4,4 m³/s, Abb. 65) auf 93,6 t, am 16.9.1984 auf 132,1 t (Q_{max} 6,6 m³/s) und erreichte am 11./12.8.1984 mit 5069,4 t (Q_{max} 44,4 m³/s, Abb. 67) den bisher gemessenen Höchstwert. Da im letzten Fall das gesamte Einzugsgebiet als Schwebstoffquelle wirkt - wobei die Sedimente der Talverfüllung wahrscheinlich noch immer den größten Anteil haben - treten auch Schwebstoff- und Abflußspitze zeitgleich auf. Dieser nach M. KLEIN als zusammengesetzte Form zu interpretierende Ganglinienverlauf weist aber im Gegensatz zur anticlockwise hysteresis bei fallenden Wasserständen erheblich geringere Schwebstoffkonzentrationen auf als bei steigendem Abfluß (Abb. 67).
Die Bedeutung der Lage der Feststoffquelle für die Form der Hysteresiskurve wird auch von T.P. BURT et al. (1984) hervorgehoben. Diese bisher in Experimentiergebieten <1 km² (C. TOEBES und V. OURYVAEY, 1970) gewonnenen Erkenntnisse, die hiermit auch in einem Einzugsgebiet von ca. 19 km² Größe bestätigt wurden, lassen sich aber nur schwer auf große inhomogene Flußeinzugsgebiete übertragen, da sich petrographische und klimatologische Einflüsse unterschiedlicher Teilgebiete überlagern. G. MÜLLER und U. FÖRSTNER (1968) beobachteten am Alpenrhein bei mehreren aufeinander folgenden Hochwasserereignissen eine Verlagerung des Schwebstoffmaximums im Verhältnis zur Abflußspitze, wobei die höchste Schwebstoffkonzentration, die anfangs zeitlich vor dem Abflußmaximum gemessen wurde, bei nachfolgenden Hochwasser-

Abbildung 67: Ganglinien des Schwebstoffes und des Abflusses an Kot- und Schmiedlaine sowie am Lainbach am 11./12.8.1984 (nach eigenen Messungen)

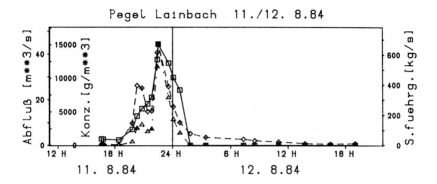

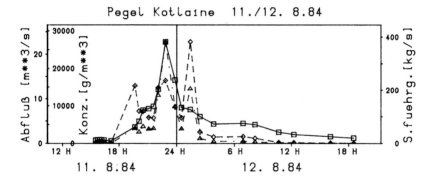

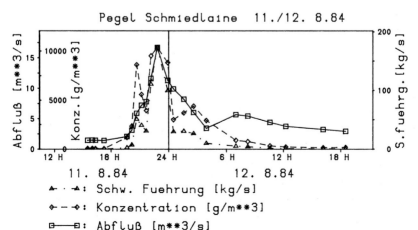

spitzen zeitgleich mit dem Abflußgipfel auftrat. Dies kann für
das Lainbachtal nicht bestätigt werden. Als Erklärung für dieses
Phänomen könnte eine Verlagerung des Niederschlagszentrums in
Betracht gezogen werden.
Auch die von G. PETTS und J. FOSTER (1985) aufgestellte These,
nach der der Abflußgipfel umso stärker vorauseilt, je größer das
Einzugsgebiet ist, kann nicht übernommen werden. Sie geht von
der Annahme einer geringeren Transportgeschwindigkeit des
Schwebstoffes gegenüber dem Wasser aus, was durch Untersuchungen
von H. A. EINSTEIN (1964) und R. J. CHORLEY et al. (1984)
nicht bestätigt werden konnte. Die Liefergebiete der Schwebstoffe großer Flußgebiete liegen aber häufig in den weit entfernten Gebirgsbächen. Die Abflüsse aus diesen Teilen des Einzugsgebietes werden aber nach einer größeren Laufzeit als die
Zuflüsse des Mittellaufes bei der Mündung eintreffen, so daß
die Schwebstoffwelle erst nach dem Durchgang der Hochwasser-
spitze auftritt.
Die Untersuchungen in kleinen Versuchsgebieten zeigen, daß die
häufig vorgenommene Trennung der Abfluß- bzw. Schwebstoffgang-
linien in einen ansteigenden und einen abfallenden Teil allein
noch nicht zu einer befriedigenden Prognose der Schwebstoffkonzentration aus den Abflußwerten führen kann. Der Fehler muß
umso größer werden, je weiter die Maxima beider Parameter zeitlich auseinanderliegen.

Der Vergleich der Niederschlagsintensitäten am 11.8.1984 (Abb.
68) mit der Ganglinie der Schwebstoffkonzentration (Abb. 67)
zeigt, daß Intensitätsschwankungen des Niederschlages sich
rasch auch in den Feststoffkonzentrationen der Vorfluter erkennen lassen (vgl. 4.3.1).
Die Ganglinien der Schwebstoffkonzentration und -führung weisen
zudem während extremer Hochwasserabflüsse (Abb. 67) häufig
Schwankungen auf, die aus der Abflußganglinie allein nicht er-
klärbar sind. So ließen die Niederschlagsintensitäten am 11.8.1984
um 23.00 h stark nach und stiegen während eines kleinen Schauers
gegen 1.00 h des 12.8.1984 nochmals etwas an. Dieser Impuls
allein macht den extremen Anstieg der Schwebstoffkonzentration
am Pegel Kotlaine um 1.25 h aber nicht verständlich, wenngleich

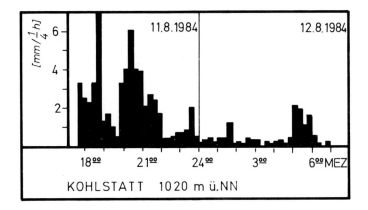

Abbildung 68: Die Niederschlagsintensitäten am 11./12.8.1984 an der Station Kohlstatt (nach eigenen Messungen; Lage der Station vgl. Abb. 5, S. 15)

möglicherweise ein Zusammenhang besteht. Es kann sich aber nicht um einen erneuten großräumigen Anstieg des Schwebstoffaustrages handeln, da dieser am Pegel Lainbach ebenfalls hätte registriert werden müssen. Die qualitative Analyse der Schwebstoffe (5.2.2.2) kann hier weitere Informationen geben.

4.3.2.2 Die räumliche Differenzierung des Gesamtaustrages

Der Anteil der Teileinzugsgebiete am Gesamtaustrag nach Regenniederschlägen weicht von der Verteilung nach Schneeschmelzabflüssen nicht grundsätzlich ab (vgl. Tab. 4, S. 60). Unterschiede zeigen sich im Einzugsgebiet der Schmiedlaine und im Lainbach i.e.S. (Tab. 5). Der Anteil des Schmiedlainegebietes ist im Sommer etwas höher, da Expositionsunterschiede keinen meßbaren Einfluß auf die Menge der Abtragung haben.
Vergleicht man die Schwebstoffspenden aus dem Kotlainegebiet mit dem unteren Einzugsgebiet der Schmiedlaine (die Hochlagen mit Karstentwässerung werden also nicht berücksichtigt), so wird deutlich, daß der geringere Schwebstoffaustrag der Schmiedlaine nicht allein auf die geringe Abtragung von den hochgelegenen

Tabelle 5: Der mittlere Anteil der Teileinzugsgebiete am Schwebstoffaustrag im Lainbachtal im Sommerhalbjahr (100 % = Gesamtfracht am Pegel Lainbach)

n = 17	mittlerer Anteil (%)	Standard- abweichung (%)	Variabilitäts- koeffizient (%)
Kotlaine	72,3	25,7	35,5
Schmiedlaine	19,3	14,2	73,8
Lainbach i.e.S.*	8,4	28,5	343,7

*berechnet aus der Differenz zwischen der Summe aus Kotlaine und Schmiedlaine und dem gemessenen Gesamtaustrag am Pegel Lainbach.

Flächen zurückzuführen ist (Tab. 6). Auch der Einfluß des Längsgefälles der Gerinne auf die Menge des Feststofftransportes ist offenbar nicht groß. Nach den Verbauungsmaßnahmen hat die Kotlaine zwischen Melcherreiße und Mündung ein durchschnittliches Gefälle von 3 %, während die nicht verbaute Gerinnesohle der Schmiedlaine immerhin 5,3 % Gefälle aufweist (vgl. Abb. 4, S. 13f). Eine Zwischenlagerung von Schwebstoffen in größerem Umfang ist erst bei deutlich geringerem Gefälle zu erwarten. Partikel, die aufgrund der jeweils herrschenden Schleppkraft nicht transportiert werden können, werden zum großen Teil schon an der Mündung der Nebenbäche in die Vorfluter sedimentiert (vgl. Abb. 23, S. 40).

Wie schon die Auswertung winterlicher Schneeschmelzabflüsse zeigte, wird die Menge der transportierten Schwebstoffe aus den Teileinzugsgebieten von der Anzahl der vegetationslosen Erosionsanrisse und ihrer Ausdehnung bestimmt. Es verwundert daher nicht, daß die Flächen mit geringem Beschirmungsgrad (Abb. 69) im Gebiet der Kotlaine überwiegen, während das untere Einzugsgebiet der Schmiedlaine dichter bewaldet ist. Aufschlußreich ist auch der Vergleich der Neigungsverhältnisse in den Teileinzugsgebieten (Tab. 7).

Tabelle 6: Die Schwebstoffspende während der Hochwasserereignisse im Sommerhalbjahr 1984 und 1985 (in t/km² · Ereignis) in den Teileinzugsgebieten im Lainbachtal

Datum	Kotlaine	Schmiedlaine Gesamtgebiet	Schmiedlaine unteres Teilgebiet	Lainbach
23.06.84	0,385	0,022	0,043	0,101
24.06.84	15,646	1,758	3,478	9,291
25.06.84	0,633	0,089	0,178	0,335
17.07.84	0,593	0,026	0,052	0,256
17.07.84	0,363	0,052	0,104	0,242
17.07.84	0,401	0,103	0,206	0,185
11.08.84	587,981	200,253	400,506	268,222
16.08.84	0,662	0,062	0,124	---
16.09.84	7,231	7,473	14,946	6,989
17.09.84	117,955	49,830	99,660	---
08.06.85	0,453	0,060	0,120	0,239
15.06.85	9,973	1,086	2,172	5,589
01.07.85	8,681	0,763	1,526	4,955
30.07.85	0,339	0,015	0,030	0,098
06.08.85	88,452	29,065	58,130	32,541
16.08.85	---	---	---	18,954
17.08.85	0,122	0,032	0,064	0,041
26.08.85	3,676	1,069	2,138	2,665
26.08.85	10,726	1,890	3,380	6,674
27.08.85	13,353	2,937	5,874	8,240

Die Reste der ehemaligen Oberfläche der Stausedimente liegen vorwiegend im Gebiet der unteren Schmiedlaine, so daß die Neigung der Hänge hier mit 18,4 % im Mittel geringer ist als im Gebiet der Kotlaine mit 20,9 % (Tab. 7). Gleiche Niederschlagsverteilung vorausgesetzt ist also die stärkere Schwebstofffracht der Kotlaine im Vergleich der Teileinzugsgebiete zurückzuführen auf:
1. einen großen Flächenanteil der Überreste der pleistozänen Stausedimente mit vielen Erosionsanrissen
2. einen geringen Beschirmungsgrad im gesamten Einzugsgebiet
3. hohe Hangneigungen.
Die Schwebstofffrachten im Unterlauf des Lainbaches sind im Mittel gering (Tab. 5). Der hohe Variationskoeffizient weist darauf hin, daß die Schwankungen hier sehr groß sind. Rückschlüsse auf die Summe der transportierten Sedimente sind nicht zulässig, da jedes Ereignis als ein unabhängiger Prozentwert in die Berechnung eingeht, ohne die Höhe des Schwebstoffaus-

Abbildung 69: Der Beschirmungsgrad durch den Baumbestand im
Lainbachtal, Stand 1973
(Quelle: Landesamt für Wasserwirtschaft, 1983)

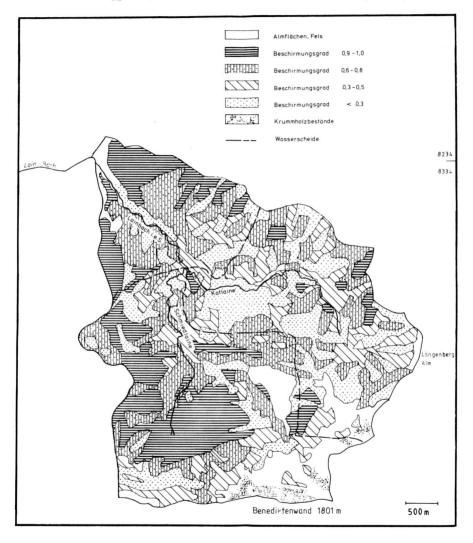

trages zu berücksichtigen.
Trennt man die Hochwasserereignisse in solche mit geringem
(< 10 t) und starkem Austrag (> 10 t), dann zeigt sich, daß ein

Tabelle 7: Die Neigungsverhältnisse in den Teileinzugsgebieten im Lainbachtal (Flächenanteil in Prozent der Gesamtflächen)
(Quelle: O. WAGNER, 1985)

	Lainbach gesamt	Lainbach i.e.S.	Kotlaine	Schmiedlaine gesamt	Schmiedlaine ohne oberes Karstgebiet
bis 5°	4,5 %	2,4 %	2,5 %	6,6 %	8,4 %
bis 10°	15,6 %	13,0 %	10,7 %	19,8 %	24,4 %
bis 15°	30,4 %	31,0 %	23,5 %	34,7 %	40,6 %
bis 20°	49,4 %	51,0 %	46,4 %	50,9 %	58,0 %
bis 25°	68,7 %	72,6 %	70,9 %	66,0 %	74,2 %
Mittelwert	20,8°	19,9°	20,9°	22,0°	18,4°
Modalwert	22,5°	22,5°	22,5°	17,5°	17,5°

Quelle: O. WAGNER (1985)

Teil der Schwebstoffe, die bei insgesamt geringen Frachten in den steileren Oberläufen (vgl. Abb. 4, S. 14) noch transportiert wurden, hier wieder sedimentiert werden, da die Bilanz des Lainbaches i.e.S. mit -1,3 % negativ ausfällt, obwohl von den hier einmündenden kleinen Seitenbächen noch Material zugeführt wird. Bei einer Standardabweichung von 31,1 % läßt sich allerdings hier nur ein sehr grober Trend angeben.
Bei starkem Schwebstoffaustrag führt der Sedimentaustrag im Gebiet des Lainbaches i.e.S. dagegen im Mittel zu einer Erhöhung der Fracht im Unterlauf um 16,8 %. Die Variation bleibt dennoch hoch (s=24,7 %; V=147,1 %), da die Bilanz auch bei sehr hohen Frachten negativ werden kann (vgl. dazu Abschn. 5.2.2.2). Insgesamt ist die Abtragung im Einzugsgebiet des Lainbaches i.e.S. sehr viel geringer als in den anderen Teilgebieten, da ausgedehnte Reste der Talverfüllung fehlen.
Der sehr hohe relative Anteil des Kotlaineeinzugsgebietes am Gesamtaustrag sinkt bei großen Hochwasserereignissen auf 50 - 60 % ab, weil die Anteile von Lainbach i.e.S. und Schmiedlaine an-

steigen. Dies ist auf den steigenden Abtrag aus den Flyschgebieten und aus dem Bereich der Allgäudecke zurückzuführen (vgl. Abschn. 5.4).
Der Anteil einzelner Teilgebiete kann sich vorübergehend beträchtlich erhöhen, wenn Rutschungen, die beispielsweise durch Lateralerosion ausgelöst werden können, bis in die Vorfluter gelangen. So stieg im September 1984 kurzfristig die Schwebstofffracht aus dem Schmiedlaineeinzugsgebiet nach einer Rutschung auf über 50 % des Gesamtaustrages an.
Der Einfluß dieser Rutschung auf die transportierte Schwebstoffmenge ließ sich durch die Messung der Konzentrationsänderungen vom Oberlauf der Kotlaine bis zum Pegel Lainbach verfolgen (Abb. 70). Vor dem Pegel Kotlaine (2) stieg die Schwebstoffkonzentration durch den Zufluß aus der Melcherreiße bzw. der 16er und 17er Reiße stark an (Abb. 70 a, b). Infolge der hohen Schwebstoffführung der Schmiedlaine trat jedoch mit diesem Zufluß keine Verdünnung ein, so daß am Pegel Lainbach (1) eine ebenso hohe Konzentration der Feststoffe wie an den Pegeln im Oberlauf gemessen wurde. Bei fallendem Wasserstand (Abb. 70 c) ist der Schwebstoffaustrag aus der Melcherreiße prägend für die Höhe der Feststoffkonzentration im gesamten Bachverlauf. Die unterhalb des Zuflusses aus der Melcherreiße mündenden Seitenbäche führen nurmehr wenig Sedimente mit, so daß eine kontinuierliche Verdünnung bis zum Talausgang erfolgt. Die Abflüsse aus den Reißen an der Söldneralm (16er und 17er Reiße) gehen schon kurz nach dem Ende der Niederschläge (vgl. Abb. 56, S. 91) stark zurück.

Am 24.6.1984 (Abb. 71) nahm die Feststoffkonzentration infolge der Zuflüsse aus den Reißen in der Kotlaine wiederum stark zu, erfuhr jedoch durch die Einmündung der Schmiedlaine eine deutliche Verdünnung.
Während sich der Einfluß der Erosionsanrisse auf die Verteilung der Schwebstoffkonzentration im Bachverlauf bei Hochwasserereignissen in immer wieder ähnlicher Weise manifestiert, können aktuelle Rutschungen zu einer deutlichen Abweichung von dieser Verteilung führen. Solche Hangbewegungen sind dabei nicht auf das Einzugsgebiet der Schmiedlaine beschränkt, sondern können ebenso an den Flyschhängen des Lainbaches i.e.S.

Abbildung 70: Die Veränderung der Schwebstoffkonzentration im
Verlauf von Kotlaine und Lainbach i.e.S. am
16.9.1984 (nach eigenen Messungen)

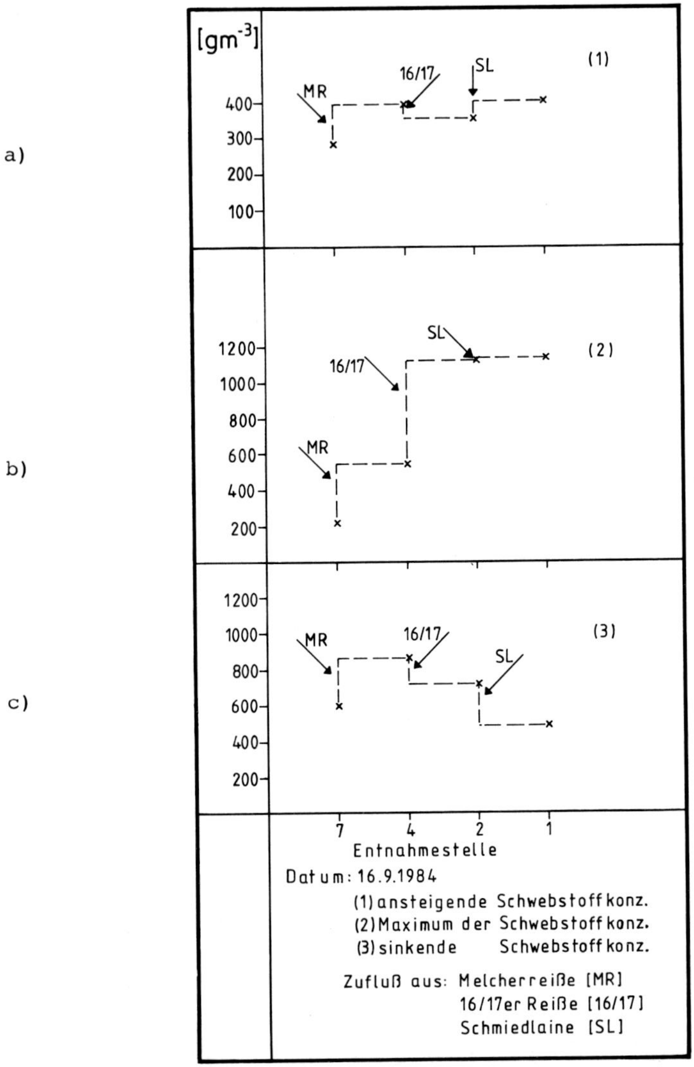

a)

b)

c)

Datum: 16.9.1984
(1) ansteigende Schwebstoffkonz.
(2) Maximum der Schwebstoffkonz.
(3) sinkende Schwebstoffkonz.

Zufluß aus: Melcherreiße [MR]
16/17er Reiße [16/17]
Schmiedlaine [SL]

Entnahmestelle: 1 = Pegel Lainbach, 2 = Pegel Kotlaine,
3 = Pegel Schmiedlaine, 4 = Söldneralm,
7 = Kotlaine vor Zufluß des Melcherbaches
(vgl. Abb. 5, S. 15)

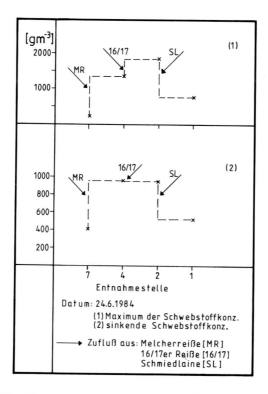

Abbildung 71: Die Veränderung der Schwebstoffkonzentration im Verlauf von Kotlaine und Lainbach i.e.S. am 24.6.1984 (nach eigenen Messungen; Legende der Entnahmestellen siehe Abb. 70)

auftreten.

Der sehr starke Anstieg nach dem Zufluß aus der ersten großen Reiße - Melcherreiße - ist wahrscheinlich aufgrund der morphodynamischen Aktivität des Hanges größer als nach der Einmündung der Bäche aus den anderen Reißen (vgl. 4.2, S. 82f).

4.3.3 Schwebstofffrachten im Sommerhalbjahr

4.3.3.1 Möglichkeiten der Berechnung des Schwebstoffaustrages

Um die Gesamtfracht der Schwebstoffe ermitteln zu können, muß eine Möglichkeit gefunden werden, den Austrag während nicht beprobter Hochwasserereignisse abzuschätzen. Das häufigste und zugleich ungenaueste bisher angewandte Verfahren beruht auf der Annahme, daß ein Zusammenhang zwischen Schwebstoffkonzentration und Abflußmenge besteht, der sich in einer Potenzfunktion ausdrücken läßt.

Die Untersuchungen im Lainbachtal zeigen, daß mit diesem Verfahren auch bei sommerlichen Transportereignissen keine ausreichende Genauigkeit im Hinblick auf eine Abschätzung des Schwebstoffaustrags erzielt werden kann (Abb. 72). Der Korrelationskoeffizient ist mit 0,735 trotz der großen Abweichungen der Meßpunkte von der Regressionsgeraden recht hoch.

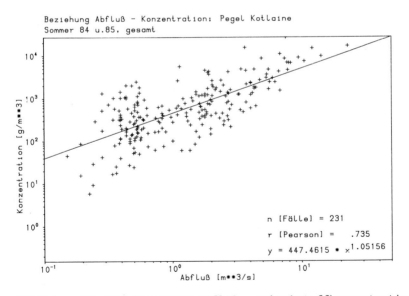

Abbildung 72: Die Beziehung Abfluß - Schwebstoffkonzentration während sommerlicher Hochwasserabflüsse am Pegel Kotlaine 1984 und 1985 (nach eigenen Messungen)

D. E. WALLING (1978) hat zu Recht auf die Gefahr allzu weitgehender Interpretationen auf dieser Basis hingewiesen. Die Schätzfehler monatlicher Schwebstofffrachten lagen danach zwischen +900 % und -90 % des wirklichen Wertes. Auf die Probleme der Anwendung dieser Berechnungsmethode bei Gletscherabflüssen haben jüngst C. R. FENN et al. (1985) wiederum hingewiesen. Die Beziehung Schwebstoffkonzentration-Abfluß vernachlässigt die Tatsache, daß bei gleichen Wasserständen ganz unterschiedliche Schwebstoffkonzentrationen auftreten können. Während eines einzigen Abflußereignisses sind die Konzentrationen der Feststoffe bei fallenden Wasserständen erheblich niedriger als bei steigenden (Hysterese, vgl. Abschn. 4.3.2, S.102f). Auch eine Separation der Daten unter Berücksichtigung der Hysterese führte nicht zu einer wesentlichen Verbesserung der Vorhersagemöglichkeiten (Abb. 73). Die Streuung ist an den Pegeln Schmiedlaine und Lainbach ebenfalls hoch (Abb. 74, 75). Die Korrelationskoeffizienten die zwischen 0,655 und 0,877 schwanken, zeigen, daß der Zusammenhang zwischen Schwebstoffkonzentration und Abflußmenge nach der Trennung in ansteigende und fallende Wasserstände kaum größer wurde. Große Unterschiede der Feststoffführung, die bei steilem bzw. flachem Anstieg der Abflußganglinie auftreten, können auf diese Weise nicht berücksichtigt werden.

Nachdem die Ergebnisse der Schwebstoff/Abflußbeziehung nicht befriedigen konnten, entwickelte K. H. NIPPES (1975) ein Verfahren, das die Berechnung der Schwebstofffracht auf der Basis des Anstiegsmaßes der Abflußganglinie erlaubte. Für die Dreisam (Schwarzwald) wurde ein Fehler von weniger als 15 % des errechneten gegenüber dem gemessenen Austrag ermittelt.
Versuche, dieses Verfahren im Lainbachtal anzuwenden, ergaben keine befriedigenden Ergebnisse, da der Fehler mit einer Abweichung von > 70 % zu hoch war. Auch für M. KLEIN (1984) ist die Steigung der Abflußganglinie der wichtigste Parameter zur Abschätzung der Schwebstofffracht. Bei einem steilen Anstieg (vgl. 4.3.1, S. 95) treten zwar sehr hohe Konzentrationen der Schwebstoffe auf, aber insgesamt können während eines langanhaltenden Regenereignisses erheblich mehr Feststoffe transportiert werden (z.B. am 11./12.8.1984, vgl. S.105f).

Abbildung 73: Die Beziehung Abfluß - Schwebstoffkonzentration
während der Hochwasserabflüsse im Sommerhalbjahr
am Pegel Kotlaine (nach eigenen Messungen)

a) bei ansteigendem Abfluß

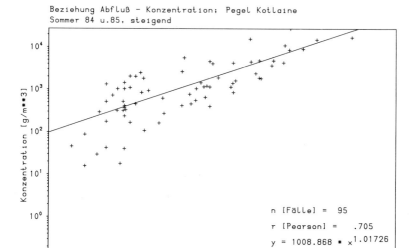

b) bei fallendem Abfluß

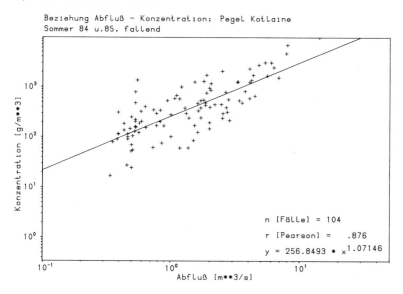

Abbildung 74: Die Beziehung Abfluß - Schwebstoffkonzentration
während der Hochwasserabflüsse im Sommerhalbjahr
am Pegel Schmiedlaine (nach eigenen Messungen)

a) bei ansteigendem Abfluß

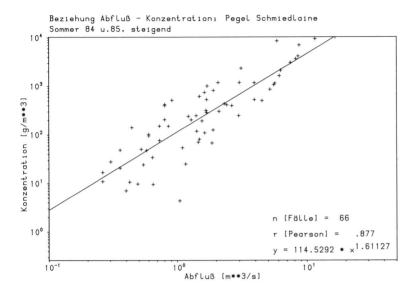

b) bei fallendem Abfluß

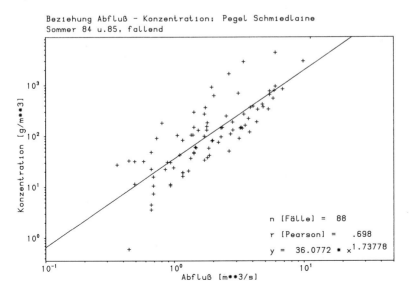

- 120 -

Abbildung 75: Die Beziehung Abfluß - Schwebstoffkonzentration
während der Hochwasserabflüsse im Sommerhalbjahr
am Pegel Lainbach (nach eigenen Messungen)

a) bei ansteigendem Abfluß

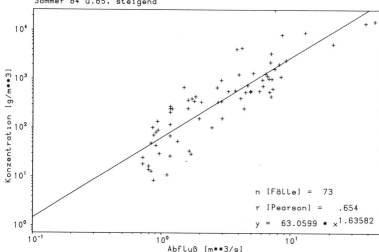

b) bei fallendem Abfluß

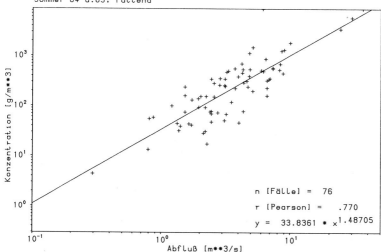

Nachfolgend wird ein neues Verfahren vorgestellt, das es nach einer Kalibrierungsphase erlaubt, den Schwebstoffaustrag im Lainbachtal anhand der Abflußganglinien abzuschätzen, wobei der Schätzfehler gegenüber den bisher angewandten Verfahren deutlich geringer ist. Der während eines Hochwasserereignisses erreichte Spitzenabfluß wird in Beziehung zum gesamten Schwebstoffaustrag dieses Ereignisses gesetzt. Je höher der maximale Abfluß ansteigt, desto stärker ist auch der Sedimentaustrag. Dabei kann nach einem kräftigen Gewitter in kurzer Zeit ebenso viel Material transportiert werden, wie bei gleichem Spitzenabfluß nach einem kräftigen Landregen erst nach einigen Stunden erreicht wird. Somit treten auch Schwierigkeiten, die bei der Berechnung bisher dadurch entstanden, daß bei gleichen Abflußmengen große Differenzen in der Schwebstoffkonzentration gemessen wurden (R. L. BESCHTA, 1981), hier nicht auf. R. L. BESCHTA berichtet von zwei Ereignissen, deren Gesamtaustrag annähernd gleich groß war, obwohl die Schwebstoffkonzentration in dem einen Fall doppelt so hoch lag wie in dem anderen. Erneute Niederschläge führen zwar im abfallenden Ast einer Hochwasserwelle zu einem Abflußgipfel, der in seiner Höhe nicht allein durch den auslösenden Niederschlag erreicht werden kann. Dennoch ist die Verwendung des Maximalabflusses hier sinnvoll, da der hohe Baseflow, der durch vorangegangene Niederschläge hervorgerufen wurde, gleichzeitig ein Indikator für das stark durchfeuchtete Substrat ist. Die Abtragung ist dadurch erleichtert und die Schleppkraft der Vorfluter reicht aus, den Schwebstoff vollständig aus dem Gebiet zu schwemmen.

Die Voraussetzung für die Erstellung der Beziehung Spitzenabfluß - Schwebstofffracht ist die Berechnung des Gesamtaustrages eines Hochwasserereignisses aus den Einzelwerten der Schwebstoffführung. In einigen Fällen mußten dazu fehlende Werte der Schwebstoffkonzentration aufgrund der Kenntnis der Niederschlagsentwicklung, der Abflußganglinie, der Schwebstoffkonzentration anderer Entnahmestellen und der eigenen Erfahrung ergänzt werden. Der Anteil des tatsächlich gemessenen Zeitraumes sollte aber mindestens 2/3 des gesamten Ereignisses umfassen. Der mögliche Schätzfehler liegt im Bereich von $\pm$ 10 % des Gesamtaustrages.

Die Abtrennung der Ereignisse voneinander erwies sich gelegentlich als schwierig. Aufgrund der Meßergebnisse wurde ein Schwellenwert von mindestens sieben Stunden Zeitdifferenz zwischen zwei aufeinanderfolgenden Maxima festgelegt, da die Schwebstoffführung in dieser Zeit wieder stark zurückgeht (vgl. Abb. 34, 35, S. 53f). Dieser Schwellenwert ist für jedes Einzugsgebiet gesondert festzulegen.

Für die drei Abflußpegel läßt sich nach dem beschriebenen Verfahren eine gute Beziehung zwischen Spitzenabfluß und Schwebstofffracht eines Hochwasserereignisses erstellen (Abb. 76). Da in die Berechnung der Schwebstofffracht auch die Abflußfülle eingeht, lag die Vermutung nahe, daß die hohen Korrelationen hier überwiegend auf die Beziehung Abflußfülle/Abflußmaximum zurückzuführen sind. Die Berechnung des partiellen Korrelationskoeffizienten zeigte jedoch am Beispiel des Pegels Lainbach, daß nach Ausschaltung der Abflußfülle der partielle Korrelationskoeffizient immer noch den beachtlich hohen Wert von 0,866 behält.

Die logarithmische Transformation wurde wie schon bei den Beziehungen Schwebstoffkonzentration - Abflußmenge vorgenommen. Dabei sollte bedacht werden, daß diese Form einen systematischen Fehler enthält, der die Streuung im Hochwasserbereich scheinbar verringert (J. MANGELSDORF und K. SCHEURMANN, 1980). Dennoch erscheint sie hier am besten geeignet.

Der Zusammenhang im oberen Abflußbereich am Pegel Lainbach ist durch eine zweite Regressionsgerade ausgedrückt, die die Spitzenabflüsse etwa ab 10 m³/s erfaßt, weil die Abweichung des gemessenen Wertes (11./12.8.1984) von der Regressionsgeraden im Bereich sehr hohen Sedimentaustrages bei Verwendung nur einer Geraden zu groß würde.

Eine Berechnung der Monats- und Jahressumme des Schwebstoffaustrages (vgl. Abschn. 4.3.3.2) müßte dann gerade im Bereich der wichtigen Spitzenabflüsse (Tab. 8, S. 133) zu großen Schätzfehlern führen. Eine Probennahme in der Mitte des Meßgerinnes des Pegels Lainbach war bei Hochwasserereignissen (>10 m³/s) nicht mehr möglich (Abb. 77). Die Änderung des Entnahmeortes (am Ufer des Baches oberhalb des Pegels) kann aber nur geringen Einfluß auf die Messungen haben, da der Sedimentaustrag am 11./12.8.1984 am Pegel Lainbach durch den Vergleich mit den Werten im Oberlauf recht gut abgesichert ist. Dieser Wert dient

Abbildung 76a: Die Beziegung Schwebstofffracht - Spitzenabfluß nach Regenniederschlägen am Pegel Schmiedlaine (Basis: Schwebstoffmessungen der Jahre 1984 und 1985; Prozentangaben beziehen sich auf Linien gleicher relativer Abweichung von der Regressionsgeraden)

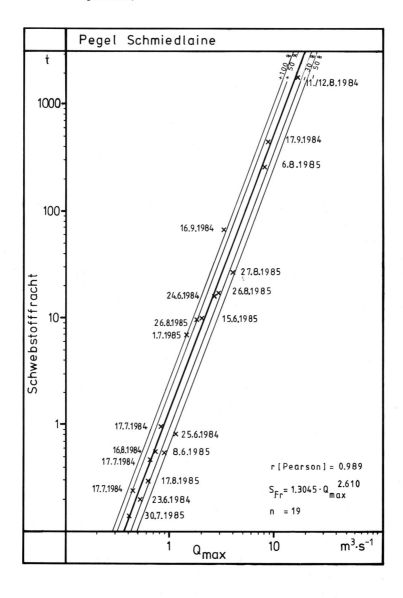

Abbildung 76b: Die Beziehung Schwebstofffracht - Spitzenabfluß nach Regenniederschlägen am Pegel Kotlaine (Basis: Schwebstoffmessungen der Jahre 1984 und 1985; Prozentangaben beziehen sich auf Linien gleicher relativer Abweichung von der Regressionsgeraden)

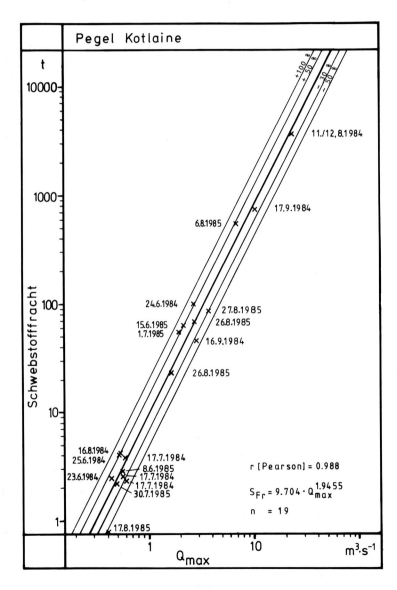

Abbildung 76c: Die Beziehung Schwebstofffracht - Spitzenabfluß nach Regenniederschlägen am Pegel Lainbach (Basis: Schwebstoffmessungen der Jahre 1984 und 1985; zur Verwendung der 2. Regressionsgeraden im Bereich hoher Abflüsse vgl. S.122f; Prozentangaben beziehen sich auf Linien gleicher relativer Abweichung von der Regressionsgeraden)

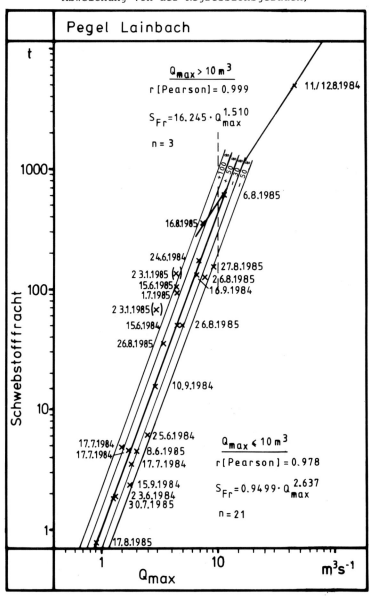

daher als Beleg für die Richtigkeit einer zweiten, flacheren Geraden oberhalb des Schwellenwertes bei ca. 10 m³/s Abfluß. Die Geraden der anderen Pegel weisen keine Knickpunkte auf.

Bei extrem hohen Wasserständen könnte dadurch eine geringe Unterschätzung der Schwebstofffracht erfolgen, da der Grobschwebanteil im Stromstrich möglicherweise größer ist (vgl.

Abbildung 77a: Niedrigwasserabfluß am Pegel Lainbach
(Oktober 1984; Photographie M. BECHT)

Abbildung 77b: Hochwasserabfluß am Pegel Lainbach
(17.9.1984; Photographie M. BECHT)

Abschn. 5.2.2.2).
Die Korrelationskoeffizienten für die Beziehung zwischen dem Abflußmaximum und der Schwebstofffracht sind für alle Teilgebiete sehr hoch (Abb. 76). Die Irrtumswahrscheinlichkeit liegt unter 0,001 %. Die absoluten Abweichungen übersteigen den Schätzwert selten um mehr als 50 %, bzw. unterschreiten ihn meist um weniger als 30 %. Im Vergleich mit dem von D.E. WALLING (1978) angewandten Verfahren - Berechnung auf der Basis der Beziehung Schwebstoffkonzentration - Abfluß - sind die zu erwartenden Fehler hier gering.
Die verbliebene Streuung um die Ausgleichsgerade läßt sich auf mehrere Einflüsse zurückführen:
1. Ein Gewitterregen bzw. ein Starkregenbeginn mobilisiert offenbar mehr Schwebstoffe als ein Landregen. Dies kann durch splash erosion erklärt werden. So lagen die Frachten am 16.8.1984 (Kotlaine) und 16.8.1985 (Lainbach) deutlich links von der Regressionsgeraden, d.h. bei dem registrierten Abflußmaximum wurde mehr Schwebstoff transportiert als berechnet (vgl. 76a,b,c).
2. Lokale Rutschungen führen zu einer überproportionalen Schwebstoffbelastung (16.9.1984, Schmiedlaine, Abb. 76c).
3. Nach Murgängen ist bei folgenden sommerlichen Hochwasserereignissen mit einem vorübergehend erhöhten Stoffaustrag zu rechnen (Abb. 76a, am 15.6.1985).
4. Kommt es während einer Niederschlagsperiode in kurzen zeitlichen Abständen zu mehreren aufeinanderfolgenden Ereignissen, so tritt eine Verringerung des Austrages ein. Dies kann auf Auswaschung des Feinmaterials an der Bodenoberfläche zurückzuführen sein (R. L. BESCHTA, 1981).
Ebenso ist es möglich, daß der Spitzenabfluß aufgrund des hohen Basisabflusses deutlich ansteigt, während der Schwebstoffaustrag infolge der höheren Erosionsanfälligkeit der aufgeweichten Böden zwar auch größer wird, aber den Schätzwert nicht erreicht. Eine solche Folge mehrerer Abflußgipfel trat am 26./27.8.1985 auf (Abb. 76). Die Trennung der Einzelereignisse ist hier nicht immer ganz eindeutig durchzuführen und führt sicher zu geringen Unschärfen in der exakten Bestimmung der Schwebstofffrachten.

5. Die Streuung des Schwebstoffaustrages der Kotlaine im Bereich der Abflüsse bis zu 1 m³/s ist auf den Einfluß der Reißen zurückzuführen. Geringe Änderungen der Niederschlagsintensitäten können schon zu starken Schwankungen des Schwebstoffaustrages führen, ohne gleichzeitig einen wesentlichen Einfluß auf den Spitzenabfluß auszuüben.

Ein Vergleich der Lage der Regressionsgeraden (Abb. 78) zeigt, daß die Erosion im Gebiet der Kotlaine bei geringen Abflüssen rascher einsetzt (vgl. Abschn. 4.3.2.2, S. 108) als in den anderen Einzugsgebieten. Mit steigendem Abfluß werden die relativen Unterschiede des Schwebstoffaustrages im Vergleich zur Schmied-

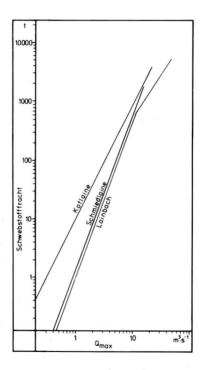

Abbildung 78: Vergleich der Regressionsgeraden für die Beziehung Schwebstofffracht - Spitzenabfluß (Abb. 76) an den Pegeln Schmiedlaine, Kotlaine und Lainbach (Bereich gemessener Schwebstofffrachten)

laine immer geringer. Die Abtragung im Schmiedlainegebiet beginnt zwar erst bei höheren Spitzenabflüssen, nimmt dann aber um so rascher zu. Das Karsteinzugsgebiet trägt nicht merklich zum Anstieg der Schwebstofführung bei. Dies ändert sich auch während extremer Hochwasserabflüsse nicht. Die Schwebstofführung betrug am 12.8.1984 an der Karstquelle nur max. 0,06 kg/s - die Spitzenwerte am Pegel Schmiedlaine lagen bei fast 400 kg/s.
Die starke Erosion im unteren Schmiedlainegebiet ist zunächst schwer verständlich, da das untere Einzugsgebiet über 1,5 km² kleiner ist als das der Kotlaine. Gerade die zusätzliche Energie aus den nicht mit Feststoffen belasteten Zuflüssen des Karstgebietes können im nicht verbauten Bachlauf bei Spitzenabflüssen zu Lateral- (Rutschungen!) und Tiefenerosion beitragen.
Ein Meßfehler ist auch hier nicht anzunehmen, da die Regressionsgeraden der beiden Teileinzugsgebiete durch die Werte vom 11./12.8.1984 im oberen Bereich gut abgesichert sind.
Das Abknicken der Regressionsgeraden am Pegel Lainbach in Richtung der Steigung der Geraden der Kotlaine kann bisher noch nicht erklärt werden.
Mit den vorliegenden Ausgleichsgeraden kann nun versucht werden, den Schwebstoffaustrag für jedes nicht beprobte Hochwasserereignis zu berechnen. Der Schätzfehler für einzelne Ereignisse liegt nach Abbildung 76 in der Regel zwischen +50 % und -30 %.

4.3.3.2 Die Schwebstofffracht des Lainbaches und seiner Quellbäche im Sommerhalbjahr

Der monatliche Schwebstoffaustrag auf der Basis aller Hochwasserereignisse von April bis November in den Jahren 1984 und 1985 (Abb. 79) zeigt ein deutliches Maximum im August. Die Monatssummen der Niederschläge weisen dagegen geringere Spannweiten auf (Abb. 80). Die Höhe der Schwebstofffracht ist abhängig von einzelnen extremen Hochwasserereignissen. So liegt der Anteil des Hochwassers vom 11./12.8.1984 (vgl. Abb. 67, S. 106) an der Augustsumme bei 85,8 %.
Im Jahr 1985 traten dagegen keine Spitzenereignisse auf, so daß mehrere durchschnittliche Hochwasserabflüsse zu dem insgesamt

Abbildung 79: Der monatliche Schwebstoffaustrag (in t) im Sommerhalbjahr im Lainbachtal

a) 1984

b) 1985

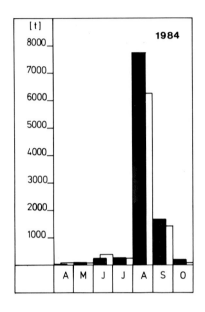
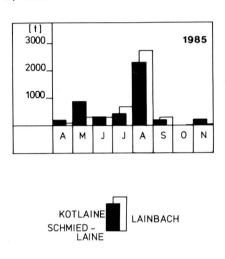

hohen Austrag im August führten. Die Fracht des höchsten Abflußereignisses betrug nur 27,7 % des Gesamtaustrages in diesem Monat.
Die Häufigkeitsverteilung der Hochwasserereignisse eines Jahres am Beispiel des Pegels Kotlaine (Abb. 81) läßt erkennen, daß eine Vielzahl mittlerer und kleiner Hochwasserspitzen wenigen hohen Abflußmaxima gegenüberstehen. Dabei ist zu beachten, daß geringste Abflußanschwellungen nicht die größte Häufigkeit aufweisen. Der Anteil der Maxima unter 20 cm Wasserstand am jährlichen Schwebstoffaustrag liegt lediglich bei ca. 2 %. Abflußspitzen bis zu 10 cm Wasserstand sind daher bezogen auf den Gesamtaustrag vernachläßigbar klein. Dies gilt gleichermaßen auch für die Pegel Lainbach und Schmiedlaine.

Aufgrund der seit 1972 durchgeführten Pegelbeobachtungen (F. WILHELM, 1986) lassen sich die Schwebstofffrachten der Jahre

Abbildung 80: Monatliche Niederschlagssummen in den hydrologischen Jahren 1984 und 1985
(Station Eibelsfleck 1030 m ü.NN; nach eigenen Messungen)

a) 1984

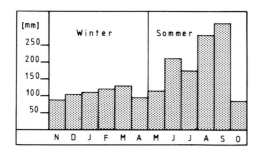

b) 1985

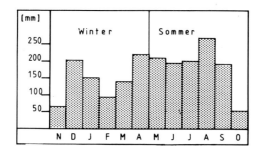

1972 - 1985 (April - November) berechnen. Bei einer Abschätzung kann auf die Auswertung kleiner Hochwasserabflüsse verzichtet werden. Es genügt, die ermittelte Summe um 2 % zu erhöhen. Die Summe der Schwebstofffrachten und der Anteil des jährlich auftretenden Spitzenabflusses am Gesamtaustrag ist in Tabelle 8 wiedergegeben. Je höher die Jahresfracht ist, umso stärker steigt auch der Anteil des größten Hochwasserereignisses, d.h. der jährliche Gesamtaustrag wird in erster Linie durch seltene Spitzenabflüsse bestimmt (vgl. auch G. PETTS und J. FOSTER, 1985). Eine Korrelationsrechnung für das Einzugsgebiet der Kotlaine ergab für diesen Zusammenhang einen Korrelationskoeffizienten von r = 0,615 mit einer Irrtumswahrscheinlichkeit von 3 % (n = 12). Auffällig sind die großen Unterschiede, die zwischen den Pegeln Kotlaine und Schmiedlaine einerseits und dem Pegel Lainbach ande-

Abbildung 81: Die Häufigkeitsverteilung regeninduzierter Hochwasserspitzen am Pegel Kotlaine im Sommerhalbjahr (zeitlicher Abstand der Maxima beträgt mindestens 7 Stunden; nach eigenen Messungen)

a) 1984

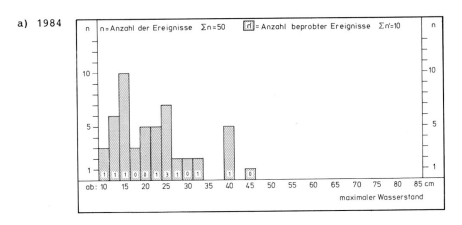

b) 1985

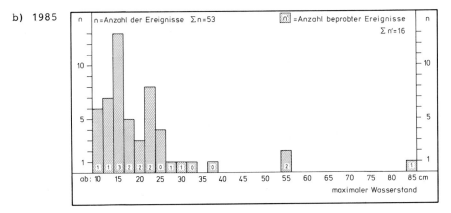

rerseits auftreten. Der Anteil der Spitzenabflüsse ist im Mittel dort wesentlich geringer als bei den Teileinzugsgebieten. Auch liegt die Summe des Schwebstoffaustrages der Schmiedlaine und Kotlaine zum Teil beträchtlich über der Jahresfracht am Pegel Lainbach. Während der Untersuchung der Jahre 1984 und 1985 ist dies allerdings in erheblich geringerem Maße der Fall. Besonders in den Jahren extremer Hochwasserereignisse differieren die Frachten stark (Abb. 82), während bei insgesamt geringem Gesamtaustrag die Unterschiede nicht so deutlich hervortreten. Als Ursache dieser Schätzfehler erscheint eine Akkumulation der Schwebstoffe innerhalb der Laufstrecke von 2 km zwischen dem Pegel Kotlaine und dem Pegel Lainbach in so großem Umfang unwahrscheinlich. Auch die Änderung des Anteils der groben Kornfraktionen im Schwebstoff im Längsprofil des Lainbaches führt nicht zu einer so großen Unterschätzung der Schwebstofffracht am Pegel Lainbach (vgl. 5.2.2.2, S.159f).

Die Beziehung Schwebstofffracht - Spitzenabfluß, auf der die Berechnung basiert, ist im Bereich extremer Hochwasser nur durch wenige Messungen abgesichert. Hieraus könnte sich ebenfalls ein Schätzfehler ergeben. Wahrscheinlicher ist es aber nach den bisherigen Erfahrungen, daß die Abflußkurve bzw. die Wasserstands-Abflußbeziehung oberhalb etwa 100 cm Wasserstand am Lainbach so nur im Eichjahr 1984 gültig war und dort auch nur während des Spitzenabflusses am 11.8.1984 (Tracermessung, weitere Ausführungen bei D. GRASER, 1986). Der Teilbereich der Eichkurve oberhalb 80 cm Wasserstand ist nur durch diese eine Messung abgesichert. Die Pegelaufzeichnung war zum Zeitpunkt der

Tabelle 8: Anteil des maximalen Abflußereignisses am Gesamtaustrag (April - November); berechnet auf der Basis der Beziehung Spitzenabfluß - Schwebstoffaustrag an den Pegeln (vgl. Abb. 76) [1] [2]

	Lainbach		Lainbach(korr.)		Kotlaine		Schmiedlaine	
	Gesamt-austrag(t)	Anteil Q_{max}(%)	Gesamtaus-trag (t)	Anteil Q_{max} (%)	Gesamt-austrag(t)	Anteil Q_{max}(%)	Gesamtaus-trag (t)	Anteil Q_{max} (%)
1972	3365,4	29,4	5411,1	73,6	12422,7	86,1	365,4	35,0
1973	7764,4	26,1	10453,4	44,6	5064,2	61,9	5487,0	66,6
1974	9530,6	12,5	19158,2	44.1	20706,2	56,7	9251,2	50,6
1975	8319,1	14,3	9576,3	25,3	5689,2	26,4	2480,4	55,6
1976	(1776,8)	(9,2)	(1776,8)	(9,2)	2278,7	21,5	1427,9	27,3
1977	6948,8	24,7	18531,0	59,7	22632,6	63,0	(2213,2)	(31,3)
1978	12007,5	44,9	13239,4	40,7	6359,4	27,0	2475,1	19,0
1979	(10545,5)	(9,4)	(13650,3)	(17,8)	(10629,9)	(23,5)	(3296,6)	(25,2)
1980	2705,4	30,3	3937,3	51,5	(3153,9)	(30,5)	1577,8	74,3
1981	(2558,6)	(12,6)	(2558,6)	(12,7)	(2369,5)	(13,7)	(559,9)	(23,3)
1982	6837,4	25,1	8242,4	24,6	5298,9	24,6	2882,0	40,7
1983	8000,1	30,3	16362,5	44,7	18383,7	47,6	8711,3	77,5
1984	8787,3	61,2	8787,3	61.2	7540,4	56,8	2902,7	64,6
1985	4509,8	15,0	4509,8	15,0	3470,4	14,1	889,0	36,5
Mittel n = 12	6712,7	26,9	9998,8	41,2	9418,7	43,0	3495,4	49,8

1) Werte in Klammern: Jahre, in denen die Wasserstandsaufzeichnungen nur lückenhaft vorliegen
2) eine zweite Spalte gibt für den Gesamtaustrag gemessen am Pegel Lainbach den Wert nach Korrektur der Spitzenabflüsse an (vgl. Abb. 83, S.136)

Tracermessung aber ausgefallen, so daß die Lattenablesung herangezogen wurde. Da diese aber nur im Hochwassergerinne erfolgen konnte (Nachtstunden, Dauerregen) ist der Wasserstand mit an Sicherheit grenzender Wahrscheinlichkeit im Meßgerinne zu diesem Zeitpunkt 30 - 40 cm niedriger gewesen (vgl. Abb. 77, S. 126, Abfall des Wasserspiegels zum Meßgerinne bei aktivem Hochwassergerinne). Da für diesen Sachverhalt aber keine Beweise für die Nacht des 11.8.1984 vorliegen, mußte als maßgeblicher Wasserstand der im Hochwassergerinne an der Pegellatte abgelesene Wert herangezogen werden. Mit Hilfe der Tracermessung ließ sich die Abflußmenge für dieses Spitzenereignis sicher bestimmen, so daß auch die Bilanz im Jahre 1984 plausibel wurde (1985 traten keine Wasserstände über 100 cm auf). Alle anderen Hochwasserereignisse früherer Jahre werden erheblich unterschätzt. Beispielsweise lag bei einem Starkregen im Juni 1983 der Wasserstand im Hochwassergerinne bei ca. 180 cm, also gegenüber dem Wert vom August 1984 noch um 25 cm höher, während die Pegelaufzeichnung mit 132 cm ein niedrigeres Hochwasser als 1984 (145 cm) vortäuschte. Damit wird auch eine zu niedrige Jahresfracht am Pegel Lainbach errechnet (Abb. 82). Vergleicht man die Summe der Abflußmaxima der Teileinzugsgebiete Kotlaine und Schmiedlaine mit dem jeweiligen Spitzenabfluß am Pegel Lainbach (Abb. 83), so wird deutlich, daß etwa oberhalb 12 m³/s die Abflüsse am Pegel Lainbach mehr schwanken, während gleichzeitig die Spitzenabflüsse der oberen Einzugsgebiete kräftig anwachsen. Die geringen Schwankungen bei Abflüssen unter 12 m³/s sind sicherlich auf unterschiedliche Niederschlagsverteilungen im Einzugsgebiet zurückzuführen.
Hinzu kommt eine etwas größere zeitliche Erstreckung des Abflußgipfels während der etwa 2 km langen Laufstrecke bis zum Pegel Lainbach, die allerdings bei extremen Hochwasserspitzen in 10 - 20 Minuten durchflossen wird.
Sieht man von einem Starkregen, der vorwiegend im Einzugsgebiet des Lainbaches i.e.S. niederging (Abb. 83, Q_{max} am Lainbach bei 46 m³·s⁻¹), einmal ab, dann liegt nur der für die Erstellung der Wasserstands - Abflußbeziehung relevante Spitzenwert vom August 1984 im Bereich plausibler Werte, d.h. das Abflußmaximum am Lainbach liegt noch etwas höher als der Zufluß aus den Quellbä-

Abbildung 82: Der Schwebstoffaustrag im Lainbachtal in den
Jahren 1972 - 1985
(berechnet auf der Basis Spitzenabfluß - Schwebstoffaustrag an den Pegeln, vgl. Abb. 76, S.123ff)

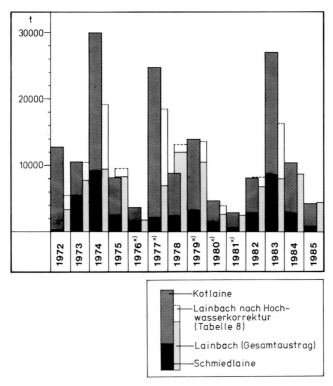

*) lange Ausfallzeiten der Pegelaufzeichnung; Berechnung
daher nur eingeschränkt aussagekräftig.

chen Kotlaine und Schmiedlaine. Für alle weiteren extremen Hochwasserabflüsse muß angenommen werden, daß die Werte am Pegel Lainbach erheblich zu gering angegeben sind. Somit wird gerade in diesen Jahren auch die Schwebstofffracht größer sein als zunächst dann liegt nur der für die Erstellung der Wasserstands-Abflußbeziehung relevante Spitzenwert vom August 1984 im Bereich plausibler Werte, d.h. das Abflußmaximum am Lainbach liegt noch etwas höher als der Zufluß aus den Quellbächen Kotlaine und Schmiedlaine. Für alle weiteren extremen Hochwasserab-

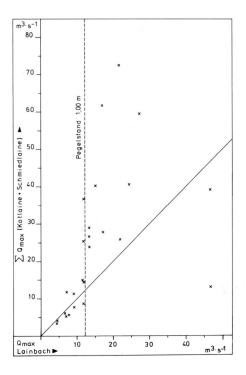

Abbildung 83: Vergleich der Spitzenabflüsse am Pegel Lainbach mit der Summe der Abflüsse der Teilgebiete Kotlaine und Schmiedlaine.
(eigene Messungen und Messungen im Rahmen des Sfb 81, Teilprojekt A2, WILHELM, 1986)

flüsse muß angenommen werden, daß die Werte am Pegel Lainbach erheblich zu gering angegeben sind. Somit wird gerade in diesen Jahren auch die Schwebstofffracht größer sein als zunächst (Tab. 8) berechnet. In Abbildung 82 wurde daher versucht, den Schwebstoffaustrag am Pegel Lainbach bei starken Hochwasserabflüssen aufgrund der Summe des Abflusses der Teileinzugsgebiete von Kotlaine und Schmiedlaine zu korrigieren. Wie sich zeigte, ist damit eine wesentliche Verbesserung zu erreichen. Noch bestehende Differenzen zwischen dem Schwebstoffaustrag am Pegel Lainbach und der Summe des Austrags der Kotlaine und

Schmiedlaine sind sicher auch auf meßtechnische Probleme bei
der Registrierung der Wasserstände zurückzuführen (D. GRASER,
1986).
Für manche Jahre kann aufgrund längerer Ausfallzeiten des
registrierenden Pegels nur eine eingeschränkte Bilanz des Schwebstoffaustrages erstellt werden (1977, 1979, 1981).
Die Schwebstofffracht an den Pegeln Schmiedlaine und Kotlaine
wird generell etwas höher liegen als am Talausgang, da die
Grobschwebanteile im Oberlauf stärker vertreten sind als im
Unterlauf (vgl. 5.2.2.3, S.171f).

Auf der Basis einer 12jährigen Abflußreihe ließ sich die mittlere
Schwebstofffracht nach Regenniederschlägen im Sommerhalbjahr
für die Monate April - November berechnen:

Lainbach (Gesamtgebiet) $\emptyset = 9998$ t   s= 5785 t   V= 57,9 %
(n = 12)

Kotlaine (n = 12) $\emptyset = 9425$ t   s= 7252 t   V= 76,9 %

Schmiedlaine (n = 12) $\emptyset = 3495$ t   s= 3027 t   V= 86,6 %

Die Streuung ist erwartungsgemäß hoch, da eine direkte Abhängigkeit von der Variabilität extremer Hochwasserereignisse
besteht. Die oft großen lokalen Unterschiede der Niederschlagsverteilung führen auch in kleinen Testgebieten zu größeren
Schwankungen des Schwebstoffaustrages.
Der Variabilitätskoeffizient des Gesamtaustrages am Pegel Lainbach ist infolge der Überlagerung der Einflüsse aus dem Kot-
laine- und Schmiedlainegebiet geringer. Die Summe der Frachten
der Teileinzugsgebiete liegt deutlich über derjenigen am Pegel
Lainbach, was weitgehend auf die nur unzureichende Berechnung
des Sedimentaustrages bei starken Hochwasserspitzen zurückzuführen ist.

Die Summen der Monatssummen des Schwebstoffaustrages (14jähri-
ge Meßreihe) zeigen, daß während der Monate Juni - August ein
deutliches Maximum der großen Hochwasser wie auch des Sedimentaustrages auftritt (Abb. 84). Die Streuung in einzelnen Jahren
ist allerdings extrem hoch, wie schon die Daten der Jahre 1984

und 1985 mit einem deutlichen Maximum im August zeigten (Abb. 79, S. 130).

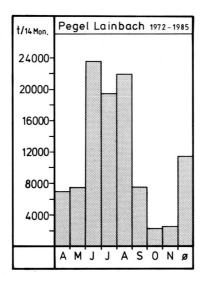

Abbildung 84: Die Monatssummen des Schwebstoffaustrages in den Monaten April bis November im Zeitraum 1972 - 1985 am Pegel Lainbach (Berechnungsgrundlage: Abflußmessungen im Rahmen des SFB 81, Teilprojekt A2, F. WILHELM, 1986 und eigene Messungen)

4.4 Jahresgang des Schwebstoffaustrages

4.4.1 Der Gesamtaustrag durch Schwebstofftransporte im Lainbach

Der Schwebstoffaustrag während des Sommerhalbjahres (4.3) ist im Lainbachtal deutlich höher als während der Schneedeckenperiode im Winter. Das Verhältnis Sommer zu Winter liegt im Mittel bei 10:1; 10000 t im Sommer stehen nur etwa 1000 t Schwebstoffaustrag im Winter gegenüber (vgl. 4.1). Die relativen Fehler in der Berechnung des Winteraustrages sind sicherlich wesentlich größer, da hier die Beziehung zwischen der Schwebstofffracht und dem Abflußmaximum keine befriedigende Vorher-

sagemöglichkeit bietet. Die Größenordnung des ermittelten Austrages ist aber auch im Winter nicht anzuzweifeln.
Durch Murgänge kann das Verhältnis Sommer zu Winter wie auch der gesamte jährliche Feststoffaustrag stark beeinflußt werden. Der Winteranteil nimmt dann zu (im Winter 1984/85 um ca. 3000 t), so daß das Verhältnis auf etwa 2,5:1 sinkt. Da die Abtragung bei Murgängen auch erheblich stärker oder schwächer sein kann, als es im Frühjahr 1985 der Fall war, sind diese Einflüsse nur schwer kalkulierbar.
Großflächige Hangrutschungen, wie sie im Untersuchungszeitraum in der Melcherreiße vermessen wurden, treten im Lainbachtal in zeitlichen Intervallen von mehreren Jahrzehnten auf (4.2), so daß deren Auswirkungen auf die Menge des Feststoffaustrages besonders schwer zu berechnen sind (G. PICKUP, 1981). Die Schwebstofffracht wird nach solchen Hangbewegungen, die sich über mehrere Jahre erstrecken können, auch in den Sommermonaten erhöht sein. Der Einfluß auf den jährlichen Gebietsabtrag sollte dennoch nicht überbewertet werden, da gerade während der extrem starken Hochwasserabflüsse im Sommer der Schwebstoff aus allen Teilen des Einzugsgebietes abgetragen wird, so daß der Anteil einer Reiße zurückgeht, auch dann, wenn dort Rutschungen stattfinden.

4.4.2 Die jahreszeitliche Differenzierung des Schwebstoffaustrages

Im Jahresablauf des nivopluvialen Abflußregimes des Lainbaches treten zwei Phasen hohen Feststoffaustrages auf. Das absolute Maximum der Schwebstoffe wird in der Regel während sommerlicher Starkregen in den Monaten Juni - August transportiert (Abb. 84, S. 138), eine weitere Phase hoher Schwebstofffrachten ist infolge der Frühjahrsablation meist zwischen dem 15.3. und 15.4. zu erwarten. Murgänge können dazu führen, daß der Feststoffaustrag in einzelnen Jahren im Frühjahr sogar stärker ist als im Sommer.

Nach Untersuchungen in England (R. L. CHORLEY et al., 1984) wird der Anteil extrem starker Hochwasserereignisse am Gesamtabtrag umso größer, je kleiner das Einzugsgebiet ist. Die Größenunterschiede der Flächen der Teileinzugsgebiete im Lainbachtal (Tab. 8, S. 133) sind zu gering, um eine sichere Aussage zu machen. Den geringsten Anteil der Spitzenereignisse an der Jahresfracht ergaben die Messungen am Pegel Lainbach. Da aber der Durchschnittswert nach der Hochwasserkorrektur schon in der Größenordnung der Werte der Teilgebiete lag, ist eher davon auszugehen, daß eine fehlerhafte Abflußeichkurve im oberen Hochwasserbereich für die Differenzen verantwortlich ist.

Die Herbstmonate Oktober und November sind gekennzeichnet durch im allgemeinen geringe Niederschlagshöhen (Abb. 80, S. 131) und -intensitäten, da der Wasserdampfgehalt der Atmosphäre nicht mehr so hoch ist wie in den Sommermonaten. Dies hat zur Folge, daß der Jahresgang des Schwebstoffaustrages im Herbst ein Minimum aufweist.

Während der Schneedeckenperiode werden, besonders bei langanhaltenden Kälteperioden sehr geringe Feststoffmengen transportiert. Nur nach vereinzelten Regenniederschlägen kann die Sedimentfracht auch in dieser Phase stark ansteigen (vgl. 4.1.3) Der Schwebstoffaustrag dieser Ereignisse läßt sich grob mit Hilfe der Regressionsgeraden der Sommerabflüsse (4.3.3) abschätzen. Aufgrund der Messungen im Januar 1985 ist zu vermuten, daß die Feststofffracht nach winterlichen Regenniederschlägen diejenige im Sommer bei gleichen Abflußspitzen noch etwas übersteigt (Abb. 76a, S. 123).

Der höchste Schwebstoffaustrag im Jahresablauf tritt in einem Flußgebiet in der Jahreszeit auf, in der aufgrund der klimatischen Voraussetzungen auch die größten Abflüsse gemessen werden. So gibt A. v. RINSUM (1950) für das Maingebiet bei recht ausgeglichenem Verlauf das absolute Maximum des Feststofftransportes im Winter an.

In periglazialen Einzugsgebieten Islands mit einer langandauernden winterlichen Bodengefrornis setzt der Schwebstofftransport mit der sommerlichen Auftauphase ein (E. SCHUNKE,

1981).

In alpinen Einzugsgebieten fallen die im Lainbachtal festgestellten Perioden hohen Feststoffaustrages (Schneeschmelze, Sommerregen) zusammen. Der Schmelzabfluß aus den spärlich bewachsenen Hochlagen führt in Verbindung mit intensiven Regenniederschlägen zum jährlichen Maximum der Schwebstofffracht im Frühsommer (P. NYDEGGER, 1967, B. PETERS-KÜMMERLY, 1973).

Die Schwebstoffkonzentration im Abfluß ist im Winter bis zu 100 mal höher als im Sommer bei gleichen Abflußmengen. Die Aufbereitung der Lockersedimente in den Reißen durch winterliche Gefrornis und die Durchfeuchtung des Substrates beim Schmelzen der Schneedecke führen dazu, daß der Sedimenteintrag in die Vorfluter bei sehr geringem Basisabfluß extrem hoch ist - z.B. am 22.3.1985 in der Kotlaine (vgl. 4.1.1).
Ob bei Hochwasserereignissen im Herbst aufgrund der sommerlichen Ausspülung der feinen Sedimente eine Verarmung der Schwebstoffe im Abfluß gegenüber vergleichbaren Spitzenabflüssen im Frühsommer eintritt, kann bisher nicht eindeutig festgestellt werden. Ein Vergleich zwischen den Ereignissen am 24.6.1984 und 16.9.1984 deutet möglicherweise daraufhin, nur muß berücksichtigt werden, daß die Niederschlagsintensitäten am 16.9.1984 erheblich geringer waren, so daß eine Vergleichbarkeit schon nicht mehr gegeben ist. Nach langanhaltenden sommerlichen Trockenzeiten tritt keine erkennbar höhere Sedimentfracht auf. Es entstehen auch auf vegetationslosen Reißenflächen nur kleine Trockenrisse, die Ansatzpunkte für starke Erosion bilden könnten. Das Material der Talverfüllung verkittet unter Hitzeeinwirkung und bekommt eine betonartige Härte, die vor Abtragung schützt (vgl. 5.2.2.2).

4.4.3 Schwebstoffspende und Gebietsabtrag

Die jährliche Schwebstoffspende liegt im Mittel der Jahre 1972 - 1985 für das Gesamtgebiet bei 580 $t/km^2 \cdot a$ ohne Einbeziehung der Murgänge. Der Betrag erhöht sich in Jahren mit starken Hangbewegungen (und folgenden Massenbewegungen) auf etwa 740

t/km² · a. Die Schwankungen sind von Jahr zu Jahr sehr hoch.
Als Extremwerte ergaben sich nach den Berechnungen (Tab. 8,
S. 133; Abb. 82, S. 135) des sommerlichen Schwebstoffaustrages
der jeweils um 1000 t (Winterfracht) erhöht wurde, im Jahr
1976 150 t/km² · a und im Jahr 1974 ca. 1070 t/km² · a.
Bei einer mittleren Dichte von 1,5 t/m³ ergibt sich ein jährlicher Gebietsabtrag von 0,38 mm/a. Die Extremwerte schwanken -
ohne Murgänge - zwischen 0,10 mm/a (1976) und 0,72 mm/a (1973).

Vergleichbare Messungen der Schwebstofführung in kleinen Einzugsgebieten im alpinen Raum sind selten. Untersuchungen von
N. SOMMER (1980) zeigen, daß der Schwebstoffaustrag in den nördlichen Kalkalpen wesentlich stärker als in den zentralalpinen
Einzugsgebieten ist. In der Dürrache lag die mittlere jährliche
Schwebstoffspende in den Jahren 1976 - 1978 bei 777 t/km² · a,
im Lainbach im gleichen Zeitraum bei 650 t/km² · a.
Weitere Arbeiten in kleinen Einzugsgebieten verzichten auf eine
Trennung von Schwebstoff- und Geschiebeanteilen, da die Menge
des Abtrags aus Stauraumverlandungen berechnet werden kann (W.
SCHRÖDER und Chr. THEUNE, 1984, H. JÄCKLI, 1958).
Schwebstoffmessungen in Schweizer Flüssen ergaben einen Abtragungsbetrag zwischen 0,01 und 0,51 mm/a, bei einem Mittelwert
von 0,15 mm/a (B. PETERS-KÜMMERLY, 1973). Die starken Unterschiede sind auf die petrographischen Differenzierungen in den
Einzugsgebieten zurückzuführen. Die Schwebstofffracht ist im
Vergleich zum Lainbach recht hoch, obwohl in den erheblich
größeren Flußeinzugsgebieten im allgemeinen geringere Erosionsbeträge zu erwarten sind als in den steilen Quellbächen (R.
J. CHORLEY et al., 1984).
Für bayerische Flüsse gibt A. v. RINSUM (1950) dagegen Werte
an, die zumeist deutlich unter 0,1 mm/a liegen - z.B. die
Isar bei München mit 0,041 mm/a (vor dem Bau des Silvensteinspeichers).
Die jährliche Schwebstoffspende liegt weit über dem Abtrag in
Mittelgebirgseinzugsgebieten. K.-H. NIPPES (1975) hat für das
Gebiet der Dreisam (Schwarzwald) eine 10jährige Meßreihe ausgewertet. Die mittlere Schwebstoffspende liegt bei 39 t/km² · a.
Der Lainbach transportiert also die 15fache Schwebstoffmenge.

Die Ursache dieser extremen Unterschiede ist nicht allein in
der geringeren Größe und größeren Steilheit des Lainbachgebietes zu suchen. Für den hohen Sedimentaustrag ist entscheidend, wie groß der Flächenanteil pleistozäner Lockersedimente
im Einzugsgebiet ist. Hier unterscheiden sich jedoch Mittelgebirgsbäche und -flüsse von Hochgebirgseinzugsgebieten, so daß
der hohe rezente Abtrag in den Alpen nicht unabhängig von den
während der letzten Vereisung abgelagerten Sedimenten zu sehen
ist.
Es wäre daher falsch, die heute gemessene Erosion ohne Berücksichtigung dieser Tatsache auf künftige Zeiträume wie auch auf
vergangene auszudehnen, da mit der Abtragung der Moränen, Talverfüllungen etc. sich die Anzahl der Feststoffherde bei sonst
gleichen Bedingungen stark verändert.
Im Einzugsgebiet der Osterach (Lkrs. Oberallgäu) wurden nach
J. KARL und J. MANGELSDORF (1975) unter sehr ähnlichen geomorphologischen Voraussetzungen (Erosionsanrisse) Abtragungsbeträge ermittelt (0,3 mm/a, Geschiebe - Schwebstoffverhältnis
1:1 anzusetzen), die von den hohen Werten der Schwebstoffspenden
im Lainbachtal (0,38 mm/a) nur wenig abweichen.

J. BOGARDI (1956) und R. L. BESCHTA (1981) kommen zu demselben
Ergebnis: Die Gesamtbilanz des Schwebstoffaustrages in humiden
Regionen wird nicht durch hydraulische Bedingungen des Abflusses oder der Abflußmenge bestimmt, sondern ist in erster
Linie abhängig von der Verfügbarkeit der Schwebstoffe im Einzugsgebiet.
In ariden Klimaregionen ist dagegen der Abfluß als limitierender Faktor anzusehen.
Die jährlichen Schwankungen der Abflüsse bewirken eine zeitlich
begrenzte Zwischenlagerung der potentiellen Schwebstoffe im
Einzugsgebiet. Je geringer der Abfluß ist, desto größer wird
der Anteil der Feststoffe, die im Einzugsgebiet vorübergehend
verbleiben. Besonders in ariden Regionen mit einer hohen Variabilität der Niederschläge können oft längere Zeiträume vergehen, ehe die akkumulierten Feststoffe während extrem starker
Abflüsse abtransportiert werden können. A. K. LEHRE (1981) gibt
für ein kalifornisches Einzugsgebiet an, daß im Untersuchungszeitraum von 3 Jahren nur ca. 53 % des mobilisierten Materials
auch aus dem Gebiet gespült wurde.

5. Qualitative Aspekte des Schwebstoffaustrages

Schon bei der Analyse der quantitativen Aspekte des Schwebstoffaustrages wurde deutlich, daß die qualitative Differenzierung der Schwebstoffe im Lainbachtal zu einer Klärung offener Fragen beitragen kann.

5.1 Der Anteil organischer Substanzen

Die Gewichtsanteile der organischen Substanzen wurden durch die Bestimmung des Glühverlustes näherungsweise ermittelt.
"Unter Glühverlust versteht man die Gewichtsabnahme (...) einer Probe nach Glühen bei 550°C, bezogen auf die bei 105°C bis zur Gewichtskonstanz getrocknete Probe" (DIN 19684, Teil 3).
Der organische Anteil am Schwebstoffaustrag ist bisher kaum bestimmt worden (G. PICKUP, 1981). Es werden daher für das Einzugsgebiet des Lainbaches die Veränderungen im Verlauf von Hochwasserereignissen und die jahreszeitlichen Unterschiede der Schwebstoffzusammensetzung untersucht.

5.1.1 Hochwasserabflüsse

Die Analyse der Glühverluste zeigt, daß der relative Anteil der organischen Stoffe mit steigender Sedimentkonzentration im Abfluß abnimmt (Abb. 85). Vor Beginn des Hochwasserereignisses sind die Glühverluste prozentual am höchsten, nach dem Durchgang der Schwebstoffwelle steigen sie langsam wieder an. Gelegentlich auftretende hohe Werte entstehen durch einzelne zufällig mitgeschöpfte Blätter oder kleine Zweige.
Die absolute Höhe des Glühverlustes während der Abflußanschwellungen steigt mit der Schwebstofführung gleichermaßen bis zum Maximum an (Abb. 86). Die Zunahme der mineralischen Schwebstoffanteile ist aber um ein Vielfaches stärker, so daß sich die relative Abnahme der organischen Substanzen ergibt (Abb. 85). Eine Trennung in einzelne Korngrößenklassen zeigt, daß in den Sandfraktionen die organischen Anteile besonders hoch sind (Abb. 87).

Abbildung 85: Die Ganglinien von Schwebstofführung, Abfluß und
Glühverlust (relativ) am 23.6.1984 an Kot- und
Schmiedlaine sowie am Lainbach (nach eigenen Messungen)

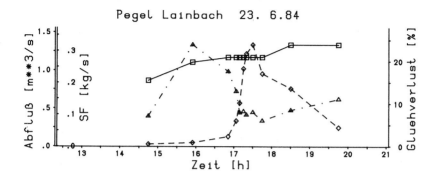

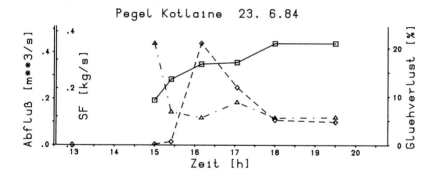

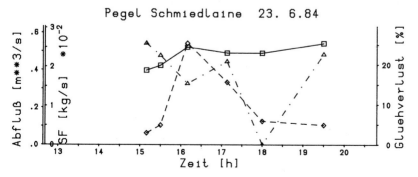

▲ · · ▲ : Gluehverlust [%]
◇ − − ◇ : Schw. Fuehrung (SF) [kg/s]
□——□ : Abfluß [m**3/s]

Abbildung 86: Die Ganglinien von Schwebstoffkonzentration, Abfluß und Glühverlust (relativ, absolut) am 23.6.1984 an Kot- und Schmiedlaine sowie am Lainbach (nach eigenen Messungen)

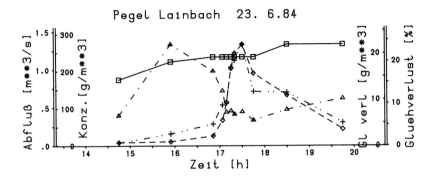

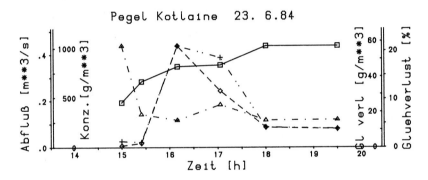

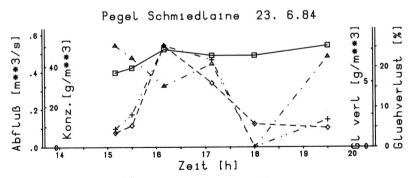

▲ ·· ▲: Gluehverlust [%]   + ··+: Gluehverlust [g/m**3]
◆ − ◆: Konzentration [g/m**3]
□——□: Abfluß [m**3/s]

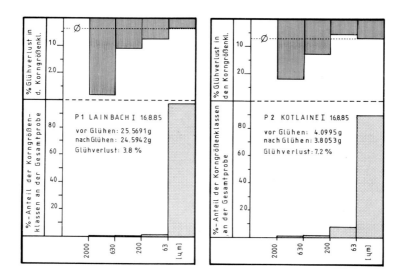

Abbildung 87: Glühverlust des Schwebstoffes in einzelnen Korngrößenklassen am 16.8.1985 (nach eigenen Messungen)

Die absolute Zunahme der Glühverluste bei Hochwasserabflüssen ist wahrscheinlich auf den Transport von Schwimmstoffen (Blattreste, Zweige, Gräser etc.) zurückzuführen. Diese sind nicht so fein und sind daher in den Sand- und Kiesfraktionen in größeren Anteilen zu erwarten.
Je höher der Schwebstoffaustrag ansteigt, desto geringer ist der relative Anteil des Glühverlustes. Hochwasserabflüsse weisen in der Regel kaum mehr als 5 % organischer Substanzen in den Schwebstoffen auf. Bei kleinen Ereignissen steigt der Wert dagegen auf über 10 % an (z.B. am 8.6.1985). Bei sehr starken Hochwasserspitzen bleibt der Glühverlust sogar deutlich unter 5 % (11./12.8.1984). Die Zunahme der organischen Stoffe ist im Vergleich zu den mineralischen Substanzen unterdurchschnittlich stark. Bei stets sehr hohen Sedimentkonzentrationen im Abfluß der Melcherreiße bleibt der Glühverlust meist unter 3 %.
Im Vergleich der Teileinzugsgebiete hat die Kotlaine aufgrund

der starken Schwebstoffbelastung den geringsten relativen und den höchsten absoluten Anteil organischer Substanzen im Schwebstoff. Nur im September 1984 lag der Glühverlust der Schwebstoffe aus der Schmiedlaine höher als aus dem Gebiet der Kotlaine (Abb. 88). Die Ursache für diese Abweichung vom Regelfall ist in der Rutschung zu sehen, die zu einem Sedimenteinstoß in die Schmiedlaine führte (vgl. Abb. 70 a, b, c, S. 114 ; Abschn. 4.3.2).
Am Pegel Lainbach liegt der organische Anteil der Schwebstoffe analog der Schwebstoffkonzentration meist zwischen den Werten der Kotlaine und Schmiedlaine.

5.1.2 Jahreszeitliche Differenzierungen

Da der Austrag organischer Stoffe offenbar während der Hochwasserereignisse besonders stark ist, sind die Perioden hohen Schwebstoffaustrages im Hochsommer und während der Frühjahrsablation auch Phasen, in denen viel organisches Material transportiert wird.
Obwohl im Frühjahr die Bioproduktion sehr gering ist, ließ sich keine Abnahme der Glühverluste des Schwebgutes feststellen. Der relative organische Anteil sinkt bei Schmelzabflüssen aufgrund der hohen Schwebstoffkonzentrationen (vgl. 4.1, S. 22) auf in der Regel weniger als 5 % ab, was im Sommer erst bei extrem starken Hochwasserabflüssen eintritt. Die Schwebstoffkonzentration im Niedrigwasserabfluß - nach mindestens einer Woche ohne Niederschlag - liegt im Bereich weniger Milligramm pro Liter. Der Glühverlust ist mit bis zu 50 % wesentlich höher als bei Hochwasserereignissen.
Der Jahresgang bei Niedrigwasser (Abb. 89) weist im April und im Spätsommer ein Maximum der organischen Substanzen sowohl im relativen als auch im absoluten Anteil im Schwebstoff auf. Minimale Glühverluste wurden im Winter gemessen. Im Frühsommer geht der organische Anteil nach dem Jahresmaximum im April wieder zurück um dann erneut etwas anzusteigen (August/ September). Da diese Tendenz an allen Pegelstellen auftrat, sind Ausreißer, die sich bei den sehr geringen Konzentrationen

Abbildung 88: Die Ganglinien von Schwebstoffkonzentration, Abfluß und Glühverlust (relativ, absolut) am 16.9.1984 an Kot- und Schmiedlaine sowie am Lainbach (nach eigenen Messungen)

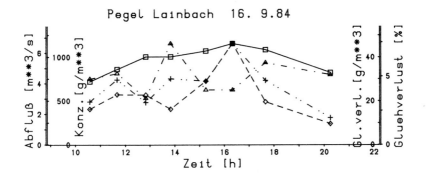

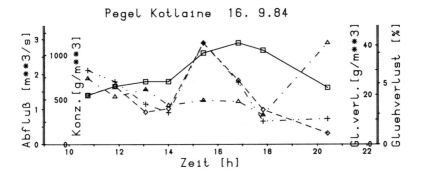

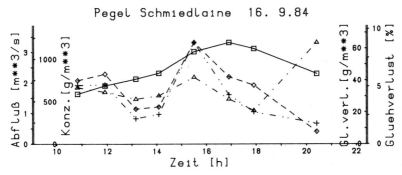

△··△: Gluehverlust [%]   +···+: Gluehverlust [g/m**3]
◇--◇: Konzentration [g/m**3]
□——□: Abfluß [m**3/s]

Abbildung 89: Der Jahresgang des Glühverlustes des Schwebstoffes im Niedrigwasserabfluß im Lainbachtal (nach eigenen Messungen)

a) absolut (in mg/l)

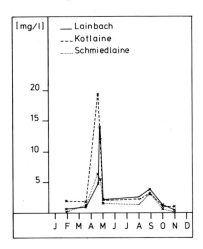

b) relativ (in %)

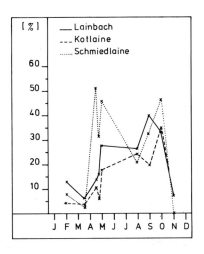

durch die Verwendung von Papierfiltern ergeben könnten (vgl. 3.2, S. 21) auszuschließen.
Der Jahresgang der organischen Anteile im Schwebstoff bei Niedrigwasser ist auf den Einfluß der Vegetationsperiode zurückzuführen. Untersuchungen über die Art der Substanzen wurden bisher nicht durchgeführt. Es ist nur zu vermuten, daß der ex-

treme Anstieg im Frühjahr im Zusammenhang mit dem Einsetzen
einer intensiven Vegetationsentwicklung sofort nach dem weitgehenden Abschmelzen der Schneerücklage um die Monatswende
März/April zu sehen ist. Pollen könnten hier einen wesentlichen
Anteil am Schwebstofftransport ausmachen.
Im Spätsommer ist der Anstieg des Glühverlustes im Schwebstoff
bei Niedrigwasser dagegen erheblich schwächer (absolut, Abb.
89a). Da die Probennahme meist während einer Schönwetterperiode
erfolgte, könnte der Anstieg auf eine höhere Algenproduktion
zurückzuführen sein. Der absolute Wert von 3 mg/l stimmt sehr
gut mit den von D. MÜLLER (1977) angegebenen Konzentrationen
der Phytoplanktonalgen in Fließgewässern im Sommer überein.
Die Konzentrationen, die in den Gewässern des Lainbachtales
im April auftreten, liegen dagegen weit darüber, so daß hier
durchaus ein zusätzlicher input z.B. durch Pollenflug anzunehmen ist.

5.2 Granulometrie

Die zu erwartende Korngrößenzusammensetzung der Schwebstoffe
in einem Wildbach muß einen deutlich höheren Anteil grober
Komponenten im Vergleich zu Messungen in Flüssen aufweisen
(zur Abgrenzung von Schwebstoffen vgl. 1.2, S. 6). Im
Folgenden wird die jahreszeitliche und ereignisabhängige Änderung im Korngrößenspektrum der Schwebstoffe untersucht. Die
Zusammensetzung der im Bachbett abgelagerten Sedimente wurde
im Bereich der Sand-, Schluff- und Tonfraktion analysiert, um
mögliche Einflüsse der Zwischenlagerung bzw. des "bedload"-
Transportes bei Hochwasserabflüssen auf die Korngrößenverteilung der Schwebstoffe zu erforschen.

5.2.1 Das Gerinnematerial

An fünf Orten im Bachverlauf der Kotlaine und des Lainbaches
i.e.S. wurden im April 1985 nach der Schneeschmelze und im
November 1985 vor den ersten Schneefällen jeweils Proben des

Gerinnematerials (ca. 10 kg einer Probe wurde analysiert) während Niedrigwasserabfluß entnommen. Die Sohlenpflasterung mußte zuvor z.T. entfernt werden. Eine weitere Sedimentprobe aus dem Unterlauf der Schmiedlaine wurde im November 1985 entnommen. Die Analyse der für den Schwebstofftransport relevanten Korngrößen unter 2 mm Durchmesser ergab eine starke Dominanz in den Sandfraktionen an allen Entnahmeorten sowohl im Frühjahr (Abb. 90) als auch im Herbst (Abb. 91). Im Herbst ist jedoch der Anteil der Ton- und Schlufffraktion signifikant zurückgegangen - im Mittel der fünf Entnahmestellen von 11,4 % auf 3,7 %. Sommerliche Hochwasserabflüsse bewirken also eine Auswaschung der Feinanteile der Flußbettsedimente. Es ist zu vermuten, daß extrem starke Hochwasserspitzen mit Grobgeschiebetransport - wie sie im August 1984, nicht aber im Sommer 1985 auftraten - diese Tendenz noch verstärken können.
Der Fein- und Mittelsandanteil sinkt im Herbst zugunsten der Grobsandfraktion ebenfalls ab, so daß die herbstliche Korngrößenzusammensetzung der Gerinnesedimente insgesamt grober ist als im Frühjahr. Während der Median des Kornspektrums im Frühjahr noch im Mittelsandbereich liegt, verlagert er sich im Herbst eindeutig in die Grobsandfraktion (Abb. 90, 91). Die Anreicherung der Feinanteile erfolgt während der Schneeschmelzabflüsse. Bei hohen Sedimentkonzentrationen und im Vergleich zu sommerlichen Hochwasserereignissen geringen Abflußspitzen (vgl. 4.1, S.22ff) werden die Schwebstoffe teilweise abgelagert. Dies geschieht am stärksten in der Kotlaine und im Mittellauf des Lainbaches, so daß hier die Grobschluff-, Fein- und Mittelsandanteile im Vergleich zum Unterlauf des Lainbaches deutlich erhöht sind (Abb.90). Aufgrund der Wildbachverbauungen in der Kotlaine (Abb. 4, S. 13f) ist das Gefälle schon soweit reduziert, daß im Unterlauf des Lainbaches (Abb. 4, S. 13f) keine markante Abnahme auftritt, so daß hier kaum weitere Schwebstoffe sedimentiert werden.

Abbildung 90: Das Korngrößenspektrum des Gerinnematerials am 18.4.1985 (< 2,0 mm Korndurchmesser, nach eigenen Messungen)

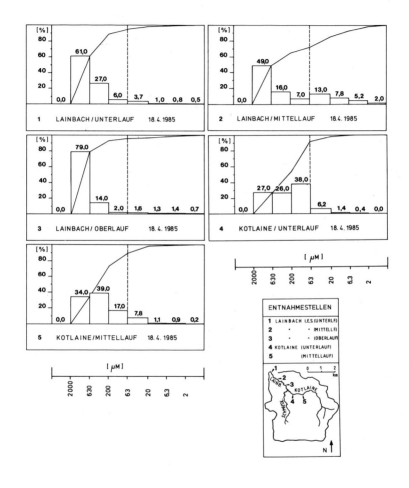

Abbildung 91: Das Korngrößenspektrum des Gerinnematerials am 18.11.1985 (< 2,0 mm Korndurchmesser, nach eigenen Messungen)

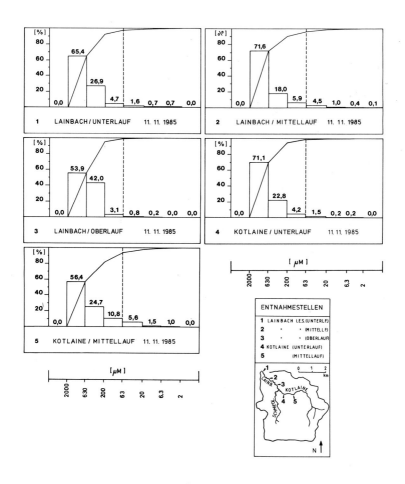

5.2.2 Korngrößenverteilung der Schwebstoffe

5.2.2.1 Jahreszeitliche Differenzierung

Je höher die Schleppkraft eines Fließgewässers ist, desto gröbere Sedimente können schwebend transportiert werden. Die Schleppkraft wird vorwiegend von der Fließgeschwindigkeit und der auftretenden Turbulenz beeinflußt (P. NYDEGGER, 1967), so daß bei großen Hochwasserabflüssen auch mehr Grobschwebanteile (> 0,063 mm Korndurchmesser) zu erwarten sind als bei geringen Abflüssen.
Im Winterhalbjahr sind die Fließgeschwindigkeiten und Abflußhöhen meist gering (vgl. 4.1., S. 22 ff). Daher können nur sehr feinkörnige Sedimente transportiert werden. Bei Schmelzabflüssen im Hochwinter (vgl. 4.1.1, S.24ff) gehören 99,9 % der Schwebstoffe der Ton- und Schlufffraktion an (Abb. 92). Der Anteil der Tonfraktion allein beträgt 52,8 %. Während der Frühjahrsablation stiegen die Abflüsse an, so daß etwa 5 % Feinsand mittransportiert werden konnte (Abb. 93). Obwohl im April 1985 durch die Murgänge genügend Material bereitgestellt wurde, reichte die Schleppkraft kaum aus, um Sandanteile als Schwebstoffe fortzubewegen (Tab. 9). Der größte Anteil der groben Sedimente wird schon vor dem Zufluß in die Kotlaine im Bereich des Baches aus der Melcherreiße nicht

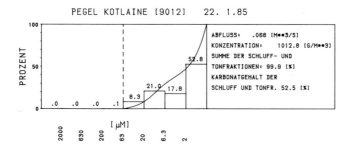

Abbildung 92: Die Korngrößenverteilung der Schwebstoffe bei Schneeschmelzabfluß im Hochwinter am Pegel Kotlaine (nach eigenen Messungen)

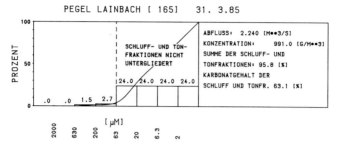

Abbildung 93: Die Korngrößenzusammensetzung der Schwebstoffe bei Schneeschmelzabfluß während der Frühjahrsablation am Pegel Lainbach (nach eigenen Messungen)

mehr als Schwebstoff transportiert. Am Pegel Kotlaine ist der Sandanteil der Schwebstoffe dann so niedrig wie bei "normalen" Schmelzabflüssen (Abb. 94).
Auch während der kräftigen Regenniederschläge im Januar 1985 stieg der Sandanteil am Schwebstoff nicht an (Abb. 95). Dies kann auf die Schneereste in den Reißen und Bachbetten besonders in Nordexposition zurückzuführen sein. Die Schneedecke verhindert

Tabelle 9: Die Korngrößenzusammensetzung der Schwebstoffe während der Murgänge im April 1985 (Mittelwert der Probennahmen am 3.4. bzw. 4.4.1985)

Entnahmestelle	Anteil der Ton- und Schlufffraktion		Sandanteile	
	3.4.1985	4.4.1985	3.4.1985	4.4.1985
Lainbach Pegel	99,8 %	98,6 %	0,2 %	1,4 %
Kotlaine Pegel	98,7 %	93,2 %	1,3 %	6,8 %
Söldneralm	93,1 %	86,0 %	6,9 %	14,0 %
Melcherreiße Mündung	---	89,2 %	---	10,8 %
Melcherreiße Pegel	74,1 %	78,9 %	15,9 %	21,1 %

die Wirkung der splash erosion bei Regenniederschlag und kann wie ein Filter grobe Sedimente zum Teil zurückhalten, da diese nicht durch die Sickerwasserbahnen der Schneedecke transportiert werden können, sondern sich auf und in der Schneedecke ablagern. Vergleichbare Abflüsse sommerlicher Hochwasserer-

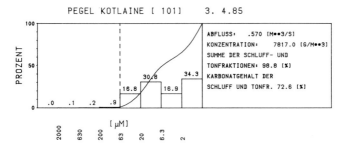

Abbildung 94: Die Korngrößenzusammensetzung der Schwebstoffe nach Murgängen während der Frühjahrsablation an der Kotlainè (nach eigenen Messungen)

eignisse weisen dagegen höhere Grobschwebanteile auf (Abb. 96). Im Sommerhalbjahr sind die Schwebstoffe im allgemeinen grobkörniger. Bei starken Hochwasserabflüssen werden neben den Sandkörnern auch Feinkiesanteile zeitweise als Schwebstoffe transportiert (vgl. 5.2.2.2). Wahrscheinlich besteht hier ein enger Zusammenhang mit dem Einsetzen des Grobgeschiebetransportes. Erkennbare Veränderungen im Bachbett (Umlagerungen der Kiesbänke) wurden bei mittleren Hochwasserspitzen - am Lainbachpegel bis etwa 8 m³/s - nicht beobachtet. Die Grobschwebanteile variieren während des Sommerhalbjahres in Abhängigkeit von der Menge des Abflusses.

Die Korngrößenverteilung der Feststoffe kleiner und mittlerer Hochwasserereignisse unterscheidet sich nur unwesentlich von dem Kornspektrum der Schwebstoffe, die bei starken Schmelzabflüssen transportiert werden. Der Sandgehalt liegt meist unter 10 %, selten über 15 %. Bei extrem starken Hochwasserabflüssen kann der Grobschwebanteil dann gelegentlich sogar auf mehr als 50 % ansteigen.

Eine signifikante Änderung der Korngrößenzusammensetzung der Schwebstoffe im Vergleich der Messungen im Frühsommer und im Herbst konnte nicht festgestellt werden. Obwohl durch die Analyse der Bachbettsedimente zu vermuten ist, daß herbstliche Hochwasserereignisse in der Tendenz grobere Schwebstoffe transportieren, ließen sich mit Hilfe der Messungen keine Verände-

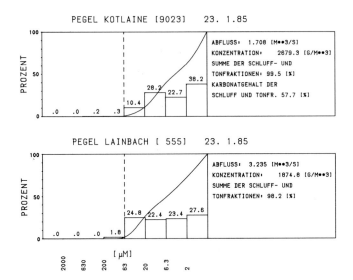

Abbildung 95: Das Korngrößenspektrum der Schwebstoffe in regeninduzierten Hochwasserabflüssen im Hochwinter (nach eigenen Messungen)

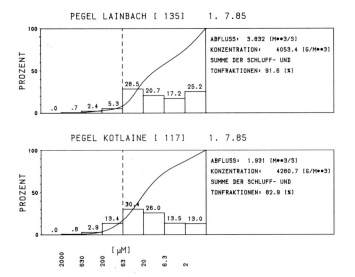

Abbildung 96: Korngrößenzusammensetzung der Schwebstoffe in sommerlichen Hochwasserabflüssen an Kotlaine und Lainbach (1.7.1985; nach eigenen Messungen)

rungen nachweisen. Der Einfluß unterschiedlicher Niederschlagsmengen und -intensitäten ist hier weit stärker. Die Kornspektren der Schwebstoffe einzelner Hochwasserereignisse sind so in ihrer jeweiligen Eigenart nicht reproduzierbar. Daher lassen sich geringfügige Veränderungen in der Kornzusammensetzung nicht eindeutig auf jahreszeitliche Unterschiede zurückführen. Da der meiste Teil der Sedimente in den Erosionsanrissen ausgespült wird, ist hier mit einer über den Sommer hinweg recht konstanten Zulieferung der Korngrößenanteile zu rechnen.

5.2.2.2 Die Korngrößenverteilung der Schwebstoffe in Hochwasserabflüssen im Sommerhalbjahr

Die Zunahme des Grobschwebaustrags mit steigendem Abfluß erfolgt annähernd kontinuierlich, d.h. es läßt sich bisher kein Schwellenwert feststellen, nach dessen Überschreiten der Anteil der groben Komponenten sprunghaft ansteigt (Abb. 97). Es werden auch schon vor Einsetzen des Grobgeschiebetriebes (> 15 cm Korndurchmesser) Sandpartikel schwebend transportiert.
Im Gegensatz zu den Ergebnissen von G. MÜLLER und U. FÖRSTER (1968) ist das Korngrößenspektrum bei steigenden Wasserständen deutlich feinkörniger als bei fallenden (Abb. 97b, c, d). Mit dem Oberflächenabfluß werden die Ton- und Schluffteilchen mit gleicher Geschwindigkeit transportiert (H. A. EINSTEIN, 1964; R. J. CHORLEY et al., 1984). Etwa im Maximum des Abflusses kann daher auch der höchste Schwebstofftransport auftreten (vgl. 4.3.2, S.100ff).
Die zeitliche Verzögerung,mit der die Grobschwebanteile gegenüber den feinen Sedimenten an den Meßstellen registriert wurden, ist auf eine geringere Transportgeschwindigkeit zurückzuführen. Da die Sand- und Kiespartikel nur partiell als echter Schwebstoff bewegt werden, ist ihre Fortbewegung auch nur während dieser Phasen annähernd gleich schnell wie die des transportierenden Mediums. In ruhigen Laufabschnitten wird der Grobschweb als Teil des Sohlenmaterials deutlich langsamer - nämlich rollend, springend - bewegt als der Feinschweb.

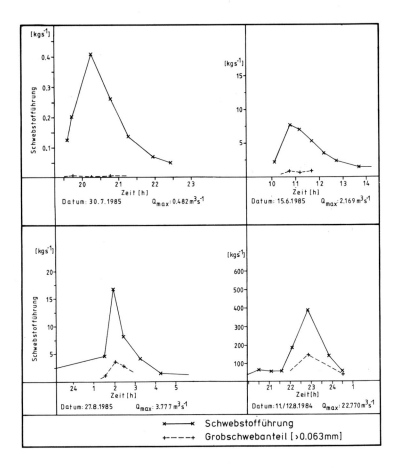

Abbildung 97: Der Anteil des Grobschwebs (>0,063 mm Korndurchmesser) am Schwebstofftransport der Kotlaine während einzelner Hochwasserereignisse im Sommerhalbjahr (nach eigenen Messungen)

Das Fließgewässer ist in der Regel auch nach dem Durchgang der Abflußspitzen noch in der Lage, die Sandanteile zu transportieren.
Die von H. ENGELSING und K.-H. NIPPES (1979) vertretene Auffassung, wonach bei fallenden Wasserständen nur noch feinere Korngrößen transportiert werden können, weil die Schleppkraft

nachläßt, kann hier nicht bestätigt werden. Die Schleppkraft reicht gerade bei kräftigen Hochwasserabflüssen in einem Wildbach offenbar immer aus, um mindestens Sandpartikel auch schwebend zu transportieren. Die von ENGELSING und NIPPES beschriebenen Situation kann nur bei einer "anti-clockwise" Hysterese im Sinne von M. KLEIN (1984) entstehen (vgl. 4.3.2.1, S.104f).

Die Analyse des Korngrößenspektrums der Schwebstoffe extrem starker Hochwasserabflüsse zeigte, daß die Grobschwebanteile bei nur geringen Abfluß- und Niederschlagsschwankungen kurzfristig stark zunehmen können (Abb. 98). Es entstehen so nebeneinander Maxima, die auf extrem hohe Grobschwebgehalte zurückzuführen sind, und solche - feinkörnigeren -, die im Bereich der Abflußspitze registriert werden.

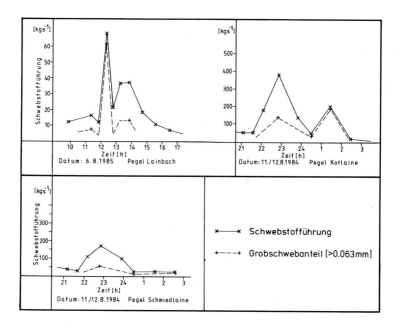

Abbildung 98: Der Anteil des Grobschwebs (>0,063 mm Korndurchmesser) an der Schwebstofführung extremer Hochwasserabflüsse an Kot- und Schmiedlaine sowie am Lainbach (nach eigenen Messungen)

Abbildung 99: Die Änderung der Korngrößenzusammensetzung der Schwebstoffe im Verlauf eines Hochwasserereignisses (11./12.8.1984) an Kot- und Schmiedlaine sowie am Lainbach (nach eigenen Messungen)

a) Pegel Kotlaine

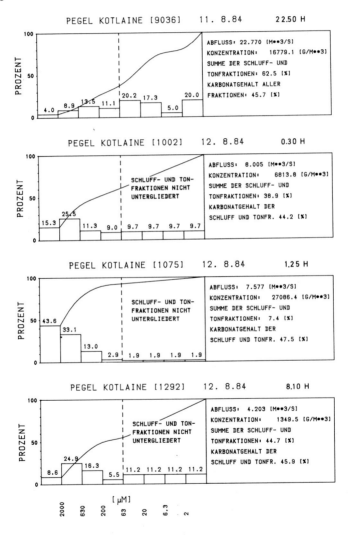

b) Pegel Schmiedlaine

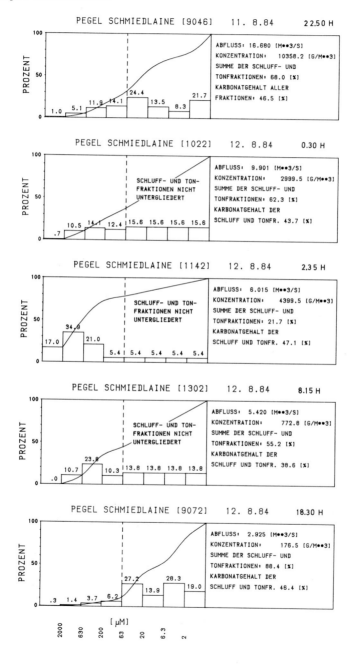

c) Pegel Lainbach

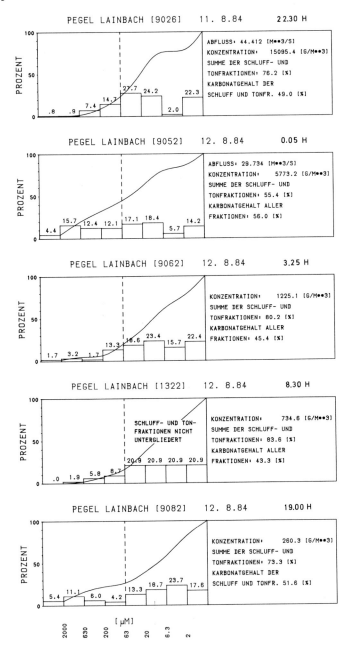

Im Verlauf der Hochwasserabflüsse am 11./12.8.1984 veränderte
sich die Korngrößenzusammensetzung der Schwebstoffe an allen
Pegeln in ähnlicher Weise (Abb. 99). Der Grobschwebanteil nahm
nach dem Durchgang des Abflußmaximums zunächst stark zu und
ging bei weiter fallenden Wasserständen langsam wieder zurück.
Im Vergleich der Meßstellen ist das Maximum bei Durchgang der Grob-
komponenten am Lainbach nur sehr schwach ausgeprägt, während
die Schwebstoffkonzentration in der Kotlaine sogar noch erheblich höher lag als zum Zeitpunkt des höchsten Abflusses.
Das unterschiedliche Verhalten der Schwebstoffe an den Pegelstellen weist darauf hin, daß dieser zweite Anstieg der
Schwebstoffkonzentration (mit hohem Grobschwebanteil) nicht
allein auf die leichte Zunahme der Niederschlagsintensität
(vgl. Abb. 68, S. 108) zurückgeführt werden kann, da im Abfluß am Pegel Lainbach kein den Meßstellen im Oberlauf ver-
gleichbarer Anstieg der Schwebstoffkonzentration gemessen
wurde.
Vergleicht man die Korngrößenspektren der Schwebstoffe vom
11.8./12.8.1984 mit den Ergebnissen vom 6.8.1985 (Abb. 100),
so fällt auf, daß die Schwebstoffe schon bei steigenden Wasserständen einen sehr hohen Anteil grober Komponenten aufweisen.
Nach der bisher entwickelten Hypothese kann es sich hier nur
um den Grobschwebtransport einer vorausgegangenen Hochwasser-
spitze der Nacht vom 5.8. auf den 6.8.1985 handeln (Abb. 101).
Die zeitliche Differenz von fast sechs Stunden ist jedoch so
groß, daß die Ursache der hohen Sand- und Feinkiesanteile im
Schwebstoff darin allein nicht gesehen werden kann.
Der Vergleich mit den Korngrößenspektren des Gerinnematerials
(vgl. Abb. 90, 91, S.153f) läßt vermuten, daß bei den beschriebenen Hochwasserabflüssen die Geschiebebewegung im Lainbach wie auch in seinen Quellbächen stark eingesetzt hatte.
Dies führte dazu, daß die Grobschwebanteile, die im Bachbe-
reich sedimentiert waren, nun wieder als Schwebstoffe transportiert wurden und zu einem Anstieg des Sand- und Kiesgehaltes
der Schwebstoffe beitrugen.

In Fließgewässern bilden sich auf den Gerinnesohlen Deckschich-
ten, die in Wildbächen aus besonders groben Geschieben be-

stehen (G. KRONFELLNER-KRAUS, 1982). Hochwasserereignisse kleiner und mittlerer Größe sind nicht in der Lage diese Sohlenpflasterung (N. SOMMER, 1980) aufzubrechen. Erst während der Spitzenhochwasser werden große Geschiebemengen mobilisiert, zumal der Bach jetzt auf der gesamten Breite stark turbulent fließt und nicht mehr vorwiegend auf den Stromstrich bei Niedrigwasser konzentriert bleibt. Die Folge ist häufig eine Verlegung des Stromstriches, die auch bei Niedrigwasser bestehen bleibt (vgl. Abb. 6, S. 19).

Abbildung 100: Die Änderung der Korngrößenzusammensetzung der Schwebstoffe im Verlauf des Hochwasserereignisses vom 6.8.1985 an Kot- und Schmiedlaine sowie am Lainbach (nach eigenen Messungen)

a) Pegel Lainbach

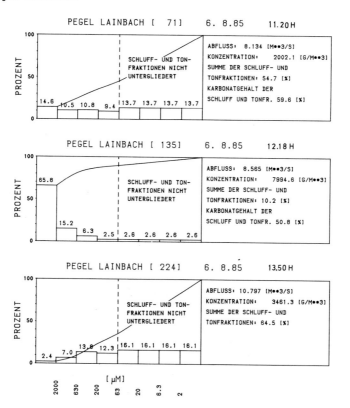

b) Pegel Kotlaine

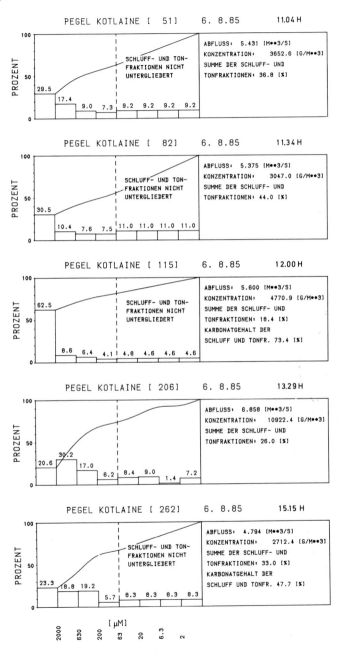

c) Pegel Schmiedlaine

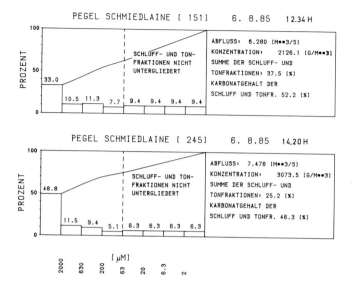

Im oben erwähnten Fall des Hochwasserereignisses vom 6.8.1985 ist davon auszugehen, daß ein enger Zusammenhang zwischen der Mobilisierung des Geschiebes im Gerinnebett und den hohen Anteilen des Grobschwebs besteht. Tritt erst einmal ein instabiler Sohlenzustand auf, dann genügen möglicherweise schon geringe Impulse durch kurzfristig steigende Niederschlagsintensitäten, um eine starke Zunahme der Grobschwebanteile

Abbildung 101: Die Niederschlagsintensität am 6./7.8.1985 an der Station Eibelsfleck (nach eigenen Messungen)

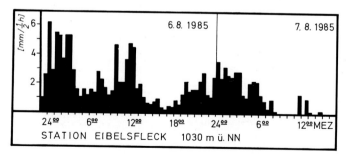

ohne eine deutliche Abflußerhöhung zu bewirken. Dies ist sowohl gegen Mittag des 6.8.1985 (vgl. Abb. 98a, Abb. 101) und kurz nach Mitternacht am 12.8.1984 (vgl. Abb. 98b, Abb. 68, S. 108) an verschiedenen Pegelstellen zu beobachten gewesen. Die Grobschwebanteile am Gesamtschwebstoff sind während dieser Maxima sehr groß, die Schwankungen der Feststoffkonzentration parallel genommener Proben hoch, so daß möglicherweise hier der Geschiebetransport in Form von Dünen stattfindet. Die Voraussetzungen, die zur Ausformung von Dünen führen, sind bisher vielfach in Laboratorien in sandigen Gerinnebetten untersucht worden (R. J. CHORLEY et al., 1984, F. ISEYA, 1984, V. A. VANONI, 1975). Für Wildbäche mit ständig wechselnden Fließ- und Transportbedingungen wäre dies mit zu großen Problemen verbunden und ist daher nicht durchführbar.
Die Ausbildung extrem grobkörniger Schwebstoffspitzen unabhängig von den Abflußmaxima ist auch von R. L. BESCHTA (1981) und besonders von J. LEKACH und A. P. SCHICK (1983) beschrieben worden. Während BESCHTA als Erklärung lediglich die Ausräumung von grobem Material im Einzugsgebiet anführt, sehen LEKACH und SCHICK die Ursache dieses Phänomens in einem wellenförmigen Transport des Geschiebes. Im Gegensatz zu den Ergebnissen im Lainbachtal beschreiben sie mehrere aufeinander folgende Wellen, ohne allerdings auf eine mögliche Beziehung zum Niederschlagsinput einzugehen.

Zusammenfassend kann für das Einzugsgebiet des Lainbaches festgestellt werden, daß der Grobschwebgehalt der Bäche mit steigendem Abfluß bis auf über 50 %, kurzfristig sogar auf über 90 % zunehmen kann. Während Hochwasserereignissen kleiner und mittlerer Größe erreicht er nur 10-20 %, so daß der von N. SOMMER (1980) angegeben Anteil der Sand- und Kiesfraktion der Schwebstoffe in Wildbächen von ca. 50 % hier nur bei den höchsten jährlichen Abflüssen gemessen wurde. Ob mit dem Einsetzen des Grobgeschiebetriebes auch der Grobschwebanteil sprunghaft zunimmt, kann bisher nicht geklärt werden, zumal nicht bekannt ist, unter welchen Bedingungen der Geschiebetransport beginnt.

Hinsichtlich der Korngrößenzusammensetzung der Schwebstoffe lassen sich vier Situationen unterscheiden:
1. Nahezu kein Sandanteil bei häufig auftretenden geringen Abflußspitzen (z.B. kleine Hochwasserabflüsse, Schneeschmelze); Grobschwebgehalt unter 5 %.
2. Transport von Sandpartikeln, die im Einzugsgebiet ausgespült wurden (Hochwasserereignisse mittlerer Stärke, mehrfach in einem Jahr); Grobschwebgehalt unter 20 %.
3. Bei Grobgeschiebetransport während seltener extrem kräftiger Hochwasserereignisse (z.B. am 11./12.8.1984) wird zusätzlich das gerinneeigene Feinmaterial mobilisiert; Grobschwebgehalt bis etwa 60 %.
4. Durchgang von Geschiebewellen bzw. Dünen; Grobschwebgehalt über 60 %.

Abschließend sei noch erwähnt, daß der Sand- und Kiesgehalt des Abflusses nach starken Gewitterschauern äußerst gering ist (Abb. 102). Nach Hitzeperioden sind die Stausedimente zementartig verbacken. Ein kurzer Schauer vermag diesen Verband nicht

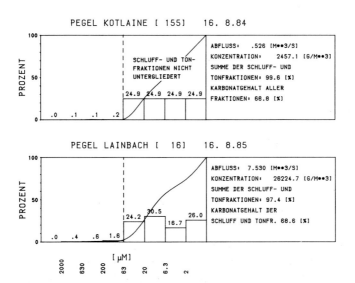

Abbildung 102: Die Korngrößenzusammensetzung der Schwebstoffe im Abfluß nach Gewitterschauern an Kotlaine und Lainbach (nach eigenen Messungen)

so schnell aufzulösen, so daß gerade die großen Teilchen fest
im Substrat steckenbleiben. Das Geschiebe im Gerinne kann nur wenig weit transportiert werden, da es sich an der Sohle langsamer als die schnell durchlaufende Flutwelle fortbewegt. Nach Durchgang des Abflußmaximums ist der Abfall dann sehr steil, so daß die notwendige Schleppkraft zum Weitertransport der Grobanteile fehlt.

5.2.2.3 Räumliche Differenzierung

Der Grobschwebgehalt im Abfluß nimmt im Mittel vom Unterlauf des Lainbaches (Pegel Lainbach) bis zu den Quellbächen (Pegel Melcherreiße) aufgrund des steigenden Sohlengefälles (vgl. Abb. 4, S. 13f und Abb. 55, S. 90) zu. Kurzfristige Abweichungen von diesem Regelfall können bei extremen Hochwasserabflüssen (Abschn. 5.2.2.2) auftreten.
Der Ton- und Schluffgehalt der Schwebstoffe ist bei der Kotlaine meist geringer als in der Schmiedlaine (Tab. 10, 11.8./12.8.1984). Dies überrascht, da das Sohlengefälle der unver-

Tabelle 10: Ton- und Schluffanteile (in Prozent) der Schwebstoffe (erster Wert gibt den Zeitpunkt des maximalen Abflusses an)

Datum	Pegel Lainbach	Pegel Schmiedlaine	Pegel Kotlaine
11.8.1984	22.30 h 76,2 %	22.50 h 68,0 %	22.50 h 62,5 %
12.8.1984	0.05 h 55,4 %	0.30 h 62,3 %	0.30 h 38,9 %
	3.25 h 80,2 %	2.35 h 21,7 %	1.25 h 7,4 %
	8.30 h 83,6 %	8.15 h 55,2 %	8.10 h 44,7 %
Mittelwert	73,9 %	51,8 %	38,7 %
17.9.1984	5.40 h 90,6 %	5.50 h 60,5 %	5.50 h 49,5 %
	6.00 h 72,4 %	6.20 h 27,1 %	6.20 h 60,3 %
	6.40 h 73,5 %	6.50 h 49,6 %	6.50 h 57,4 %
	9.10 h 71,8 %	9.30 h 48,5 %	9.25 h 43,7 %
	10.30 h 95,0 %	10.15 h 67,0 %	10.10 h 50,3 %
Mittelwert	80,7 %	50,5 %	52,2 %

bauten Schmiedlaine größer ist.
Die Unterschiede im Korngrößenspektrum sind auf die petrographischen Voraussetzungen in den Teileinzugsgebieten zurückzuführen (G. MÜLLER und U. FÖRSTNER, 1968). Da der Abtrag in den großen Reißen im Gebiet der Kotlaine besonders stark ist, steht hier ausreichend Material zum fluvialen Transport bereit.
Die Verfügbarkeit der Sedimente ist im Bereich der Schmiedlaine geringer, so daß auch das stärkere Gefälle nicht zu höheren Grobschwebgehalten beitragen kann. Infolge der schon erwähnten Rutschung im September 1984 (vgl. 4.3.2, S. 113) stand jedoch am 17.9.1984 außergewöhnlich viel Lockermaterial mit groben Komponenten zum Abtransport zur Verfügung. Jetzt sank auch der relative Ton- und Schluffgehalt der Schwebstoffe im Abfluß der Schmiedlaine stark ab und lag in der Größenordnung der Sedimente in der Kotlaine.
Die Korngrößenzusammensetzung der Schwebstoffe am Pegel Melcherreiße muß noch eingehender untersucht werden. In kurzen Zeitabständen von wenigen Minuten treten hohe Abfluß- und Konzentrationsschwankungen auf. Eine intensive Bearbeitung der anderen Meßstellen schloß eine Probennahme in kleinen Zeitintervallen hier aus. Die durchgeführten Beprobungen zeigen aber, daß bei steigenden Wasserständen mit einem relativen Ton- und Schluffgehalt von mehr als 80 % zu rechnen ist. Erst einige Zeit nachdem das Abflußmaximum auftrat, sank auch der Feinanteil auf unter 50 % ab.
Die Korngrößenzusammensetzung der Schwebstoffe in den Vorflutern scheint also direkt von den aus den großen Feststoffherden transportierten Sedimenten abzuhängen. Die Eigendynamik in den Gerinnen selbst wäre dann - vorausgesetzt die Annahme ist richtig - gering und vorwiegend auf extreme Hochwasserabflüsse beschränkt (vgl. 5.2.2.2).
Da der Grobschwebgehalt besonders bei den seltenen Spitzenabflüssen im Oberlauf höher als im Unterlauf des Lainbaches ist, wird der Schwebstoffaustrag an den Pegeln Kotlaine und Schmiedlaine insgesamt etwas größer bzw. die Fracht am Pegel Lainbach niedriger sein. Besonders hohe Differenzen ergeben sich, wenn infolge von Dünen hohe Konzentrationsspitzen im Oberlauf auftreten, die im Unterlauf aber schon nicht mehr signifikant

ausgebildet sind (vgl. Abb. 99, S.162ff) oder aufgrund ihres
kurzfristigen Auftretens nicht beprobt wurden.
Die Berechnung der Jahresfrachten für die Teileinzugsgebiete
wird für den Lainbach i.e.S. einen zu niedrigen Wert ergeben,
da die Differenzbildung zwischen dem Gesamtaustrag am Lainbach
und den Frachten von Kot- und Schmiedlaine die höheren Grobschwebanteile im Oberlauf nicht berücksichtigt. Da aber Sand-
und Kiesbestandteile, die im Oberlauf noch als Schwebstoff
gemessen werden, den Pegel Lainbach als Flußbettfracht passieren,
sind streng betrachtet die Werte von Lainbach und Kot- bzw.
Schmiedlaine nicht direkt vergleichbar. Die Größenordnung dieser
Unterschiede kann bei der Berechnung der Jahresfracht ca. 10 -
15 % betragen, bei Einzelereignissen sogar auf 20 - 30 % ansteigen. Hierin ist auch der Grund für die oft negativen Werte
des Schwebstoffaustrags aus dem Lainbach i.e.S. zu sehen, die
bei einzelnen Ereignissen auftraten.

5.3 Mineralische Inhaltstoffe

5.3.1 Räumliche Unterschiede in der Zusammensetzung der Hauptgemengeteile der Schwebstoffe

Die Auswertung beschränkte sich im wesentlichen auf die Dia-
gramme von Gesamtproben der Ton- und Schlufffraktion (< 0,063 mm
Korndurchmesser).
Im Schwebstoff der Gewässer des Lainbachtales treten vorwie-
gend Kalzit, Dolomit und Quarz auf. Die absolute Höhe der
Schwebstoffkonzentration an einzelnen Meßstellen ist für diese
Auswertung ohne Bedeutung. Der Mineralbestand des Feinschwebs
im Melcherbach weist einen hohen Dolomit- und Kalzitanteil gegenüber einem deutlich geringeren Quarzanteil auf (Abb. 103).
Bei Schmelzabflüssen bzw. sommerlichen Hochwasserereignissen
geringer und mittlerer Stärke zeigte sich an den Pegeln Kotlaine,
Schmiedlaine und Lainbach eine sehr ähnliche Verteilung (Abb. 104)
dieser Hauptkomponenten des Feinschwebs, da die großen Schweb-
stoffherde in allen Teilen des Gesamtgebietes in sehr ähnlichen
Substraten (Talverfüllung) liegen. Geringe Unterschiede können

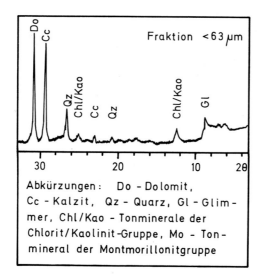

Abbildung 103: Röntgendiffraktometerdiagramm des Mineralbestandes der Schwebstoffe im Melcherbach (2.2.1985; Texturpräparat)

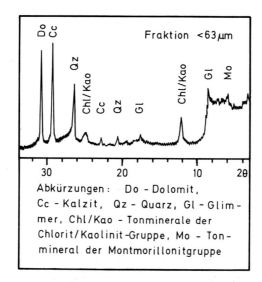

Abbildung 104: Röntgendiffraktometeranalyse der Schwebstoffe in Schneeschmelzabflüssen am Beispiel der Kotlaine (22.1.1985, Texturpräparat)

aber aufgrund der Verzahnung lokaler Sedimente mit Ablagerungen des Ferneises auftreten.
Im Sediment der Schmiedlaine fällt der höhere Quarzanteil auf. Hier zeigt sich der Einfluß der Abtragung aus den tektonischen Einheiten Allgäudecke und Flyschzone. Als im September 1984 Rutschungen im Flysch zu einer außergewöhnlich hohen Schwebstoffbelastung der Schmiedlaine führten, stieg auch der Quarzanteil an (Abb. 105), der Kalzit- und Dolomitgehalt sank relativ dazu ab.

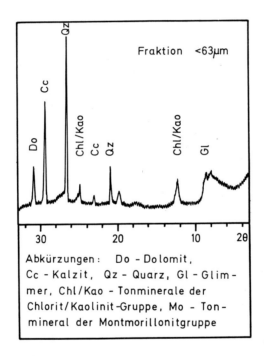

Abbildung 105: Röntgendiffraktometeranalyse der Schwebstoffe im Abfluß der Schmiedlaine am 6.9.1984 (Texturpräparat)

Der Quarzgehalt der Schwebstoffe wächst bei starken Hochwasserabflüssen an allen Meßstellen deutlich an (Abb. 106), was auf die erhöhte Erosionsbereitschaft im Bereich Flyschzone/Allgäudecke hindeutet. Da sich auch die Kotlaine bis auf das Anstehende durch die Stausedimente eingeschnitten hat, kommt es

Abbildung 106: Röntgendiffraktometeranalyse der Schwebstoffe zum Zeitpunkt maximaler Schwebstofführung am 11./12.8.1984 an Kot- und Schmiedlaine sowie am Lainbach (Texturpräparate)

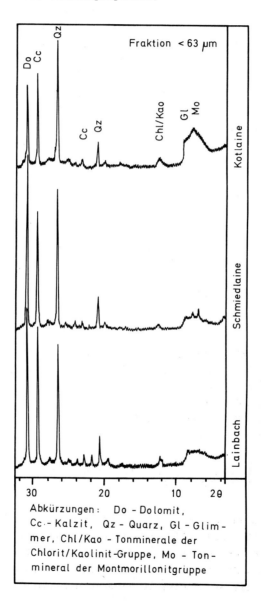

bei hohen Wasserständen im Flysch und im Gebiet der Gesteine der Allgäudecke durch Lateralerosion zu Rutschungen. Dies kann auch hier zum kurzfristig starken Anstieg der Quarzanteile im Schwebstoff führen.
Der Dolomitgehalt ist besonders in der Grobschlufffraktion sehr hoch, nimmt aber gegen die feineren Korngrößen rasch ab (Abb. 107). Auch in der Tonfraktion finden sich noch viele Kalkminerale (Kalzit, Dolomit).
Die weitergehende Analyse einiger ausgewählter Proben im Hinblick auf den Mineralbestand der Tonfraktion ergab, daß neben Quarz vor allem Glimmerminerale sowie Tonminerale aus der Chlorit/Kaolinitgruppe vertreten sind (Tab. 11). Außerdem

Tabelle 11: Mineralbestand der Schwebstoffe in der Tonfraktion

2θ	d (Å)	Mineralbezeichnung	Bemerkung
6,2	14,24	Montmorillonitgruppe	quellfähig, breite Basis
8,8	10,04	Glimmermineral	ev. Illit
12,35	7,16	Chlorit/Kaolinitgruppe	die Reflexe an gleicher Position, erst nach weiteren Untersuchungen zu entsch.
17,8	4,98	Glimmermineral	
20,8	4,27	Quarz	
24,8	3,59	Chlorit/Kaolinitgruppe	
26,65	3,34	Glimmer/Quarz	Überlagerung, daher erhöhter Peak

Außerdem wurde ein quellfähiges Tonmineral der Montmorillonitgruppe registriert, das mit Kalium belegt, eine glimmerähnliche Struktur annahm (Abb. 108).[1]

---

[1] Für die freundliche Mithilfe bei der Auswertung der Tonpräparate sei Herrn Privatdozent Dr. R. HEROLD, Institut für Allgem. und Angewandte Geologie der Universität München, herzlich gedankt.

Abbildung 107: Änderung der Mineralzusammensetzung in Abhängigkeit von der Korngröße der Schwebstoffe am Lainbach (Texturpräparat; Zeitpunkt maximaler Schwebführung am 11.8.1984, vgl. Abb. 106)

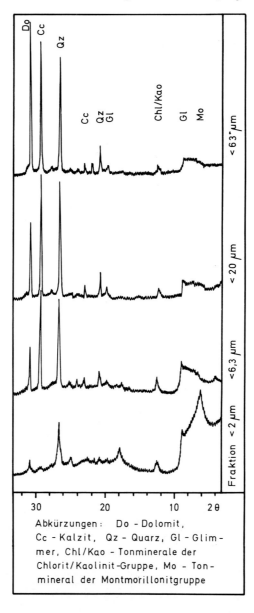

Abkürzungen: Do - Dolomit, Cc - Kalzit, Qz - Quarz, Gl - Glimmer, Chl/Kao - Tonminerale der Chlorit/Kaolinit-Gruppe, Mo - Tonmineral der Montmorillonitgruppe

Abbildung 108: Röntgendiffraktometeranalyse nach Aufbereitung der Minerale der Tonfraktion im Schwebstoff des Lainbaches am 11.8.1984 (Texturpräparate, vgl. Abb. 107; nach der Aufbereitung fehlen die Kalzit- und Dolomitanteile hier)

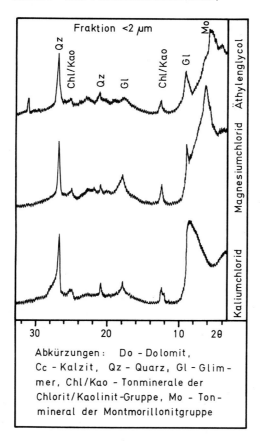

Abkürzungen: Do - Dolomit, Cc - Kalzit, Qz - Quarz, Gl - Glimmer, Chl/Kao - Tonminerale der Chlorit/Kaolinit-Gruppe, Mo - Tonmineral der Montmorillonitgruppe

Die Schwebstoffe der Teileinzugsgebiete unterscheiden sich im Tonmineralbestand nur wenig voneinander. Während die Quarz-, Glimmer- und Chlorit/Kaolinitminerale in allen Proben in ähnlicher Verteilung auftraten, schwankten die Anteile der Minerale der Montmorillonitgruppe stärker. Ein Einfluß der Höhe des Abflusses oder abgegangener Rutschungen konnte bisher nicht eindeutig nachgewiesen werden.

Im Rahmen dieser Untersuchung wurde auf die arbeitsaufwendige weitergehende Analyse der Tonmineralzusammensetzung der Schwebstoffe verzichtet, da sich aus den dargestellten Analysen keine neuen Anhaltspunkte für das Verständnis der räumlichen und zeitlichen Differenzierung des Schwebstoffaustrages ergaben.
Die ürsprünglich auch in der Tonfraktion vorhandenen Restanteile des Dolomites und Kalzites (Abb. 107) sind während der Gewinnung der Tonsubstanz zerstört worden und können daher in den Diagrammen (Abb. 108) nicht mehr erscheinen.
Wie schon bei der Analyse der Schlufffraktion gezeigt werden konnte, unterscheiden sich die Schwebstoffe aber gerade im Verhältnis Dolomit-, Kalzit- und Quarzanteile voneinander. In der Fraktion < 0,002 mm Korndurchmesser ergibt sich im Mittel eine regelhafte Abfolge der Intensitäten der Reflexe im Schwebstoff:

	Maximum der Intensität	----->	Minimum
Kotlaine	Kalzit	Dolomit	Quarz
Schmiedlaine	Quarz	Kalzit	Dolomit
Lainbach	Kalzit	Quarz	Dolomit

Der Mineralbestand der Sedimente am Lainbach ergibt sich aus der Mischung der Einflüsse der Quellbäche. Der Dolomitanteil hat gegenüber der Mineralzusammensetzung der Schlufffraktion (Abb. 107) an Bedeutung verloren. Diese Reihung trat sehr beständig auf. Sie veränderte sich weder mit der Stärke der Hochwasserabflüsse noch im jahreszeitlichen Wandel der Feststoffführung. Lediglich die schon oft erwähnte Rutschung im September 1984 führte auch am Lainbach kurzfristig zu einer Dominanz der Quarzminerale.

5.3.2 Veränderungen des Mineralbestandes der Schwebstoffe im Verlauf von Hochwasserabflüssen

Der Einfluß der Sedimente der Talverfüllung dominiert sowohl im Winter als auch im Sommer die Mineralzusammensetzung der Schwebstoffe im Lainbachtal (vgl. Abb. 103 und 104, S.174). Eine Veränderung des Mineralbestandes in Abhängigkeit vom Zeitpunkt der Probennahmen während eines Hochwasserereignisses

wurde erst bei Spitzenabflüssen festgestellt (Abb. 109).
Bis zur maximalen Schwebstofführung (22.30 h) zeigte sich noch
deutlich der Reißeneinfluß (Abb. 109) mit hohem Dolomit- und
Kalzitgehalt. Mit zunehmender Dauer gewann die Erosion im
Bereich der Flyschzone und Allgäudecke an Bedeutung, so daß
dann der Quarzanteil am höchsten war (Abb. 109b). Mit Nachlassen
von Niederschlagsintensität   (vgl. Abb. 68, S.108) direktem
Abfluß und mithin des Sedimenttransportes auf den dicht bewaldeten Hängen (Flyschzone, Allgäudecke), wurde der Mineralbestand der Schwebstoffe wieder zunehmend von den Abflüssen
aus den großen Reißen beeinflußt (Abb. 109c, d). An der Oberkante der Erosionsanrisse tritt auch nach dem Ende des Niederschlags noch kräftiger Interflow aus. Große Schuttansammlungen
in den Reißen wirken zudem als kurzfristiger Wasserspeicher
(über einige Stunden bis zu wenigen Tagen) und geben das Niederschlagswasser, das nur wenig in den Untergrund eindringen kann
(vgl. 4.2, S.71ff), ebenfalls langsam wieder ab, so daß die
Reißen auch Stunden nach dem Ende der Niederschläge noch Schwebstoffe liefern.

Die Mineralzusammensetzung der Schwebstoffe am Pegel Lainbach
veränderte sich im September 1984 nach der Rutschung am 5.9.
deutlich (Abb. 110). Wurde der Sedimentaustrag am 6.9. noch
durch dieses Ereignis beherrscht, so entsprach das Dolomit-Kalzit-Quarzverhältnis bis zum 17.9.1984 wieder dem für den
Lainbach kennzeichnenden Spektrum. Nach wenigen Hochwasserabflüssen ist also das Feinmaterial soweit ausgewaschen, daß kein
Einfluß auf die Zusammensetzung der Schwebstoffe mehr feststellbar ist.

5.4 Der Karbonatgehalt der Schwebstoffe

Aufgrund der Röntgendiffraktometeranalysen waren bisher in
erster Linie qualitative Aussagen über den Karbonatgehalt (Kalzit, Dolomit) der Schwebstoffe möglich. Mit Hilfe des gasvolumetrischen Verfahrens der Karbonatgehaltsbestimmung (Scheibler-Verfahren) werden ereignisabhängige und jahreszeitliche Diffe-

Abbildung 109: Veränderungen der Mineralzusammensetzung des Schwebstoffes im Verlauf eines Hochwasserereignisses (11./12.8.1984, Texturpräparate)

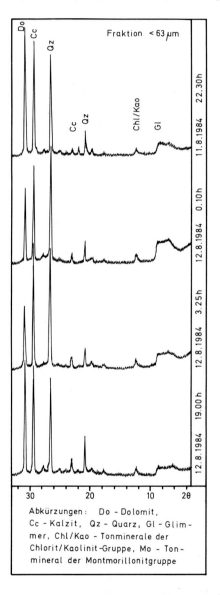

Abbildung 110: Der Einfluß einer Rutschung im Bereich der Schmiedlaine auf die Mineralzusammensetzung der Schwebstoffe am Pegel Lainbach (Texturpräparat)

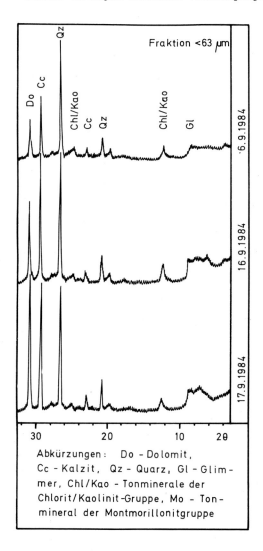

renzierungen quantitativ erfaßbar. Die Analyse sollte auf den Vergleich im Feinschwebbereich beschränkt bleiben, da unterschiedliche Anteile der Sand- und Kiesfraktion in Abhängigkeit von der Höhe des Abflusses die Ergebnisse stark beeinflussen. Bei kräftigen Hochwasserereignissen sinkt der Karbonatgehalt des Feinschwebs ab (vgl. 5.3.2). Der Gesamtkarbonatgehalt kann aber in Abhängigkeit von den Anteilen der stark kalzit- und dolomithaltigen groben Komponenten des Schwebs wiederum ansteigen (Tab. 12).

Tabelle 12: Karbonatgehalt der Schwebstoffe am 17.9.1984 (Mittelwerte mehrerer Proben bei fallendem Wasserstand)

Fraktion	Lainbach-Pegel		Kotlaine-Pegel		Schmiedlaine-Pegel	
	Abfluß-maximum (n = 1)	fallend (n = 5)	Abfluß-maximum (n = 1)	fallend (n = 5)	Abfluß-maximum (n = 1)	fallend (n = 5)
> 2000 µm	84,2%	--	72,8%	68,0%	85,1%	87,5%
630-2000 µm	72,9%	91,2%	66,4%	70,7%	67,3%	74,2%
200- 630 µm	60,7%	71,4%	56,4%	70,6%	63,2%	73,2%
63- 200 µm	53,2%	75,5%	50,9%	68,2%	57,1%	75,3%
< 63 µm	46,0%	47,9%	40,9%	47,8%	38,7%	39,5%
Gesamtprobe	49,5%	55,4%	48,5%	60,3%	54,0%	57,8%

Die Unterschiede, die nach dem Durchgang der maximalen Schwebstofführung während eines kräftigen Hochwasserabflusses auftreten, sind also auf den sich verändernden Sand- und Kiesgehalt der Proben zurückzuführen.
Bei steigenden Wasserständen dominiert zunächst der Feinanteil. Die Sedimente stammen dann zum überwiegenden Teil aus den Reißen, so daß der Karbonatgehalt des Feinschwebs bei etwa 60% liegt (vgl. Tab. 13, Karbonatgehalt der Schwebstoffe im Melcherbach).
Der überwiegende Teil des Grobschwebs besteht aus den im Einzugsgebiet anstehenden kalkalpinen Gesteinen bzw. wird aus den pleistozänen Lockersedimenten ausgespült. Ein Vergleich der Schwebstoffe aus der Melcherreiße mit den anderen Teilgebieten zeigt, daß auch hier der Karbonatgehalt der Sandfraktion bei 70-75% liegt. Die Unterschiede im Gesamtgebiet sind daher nur gering.

Der Abtrag im Bereich des Flysch und der Allgäudecke (Schmiedlaine) zeigt sich in erster Linie im unterschiedlichen Karbonatgehalt der Schwebstoffe in der Ton- und Schlufffraktion (Tab. 12). Unter Wald werden offenbar weniger grobe Partikel erodiert als dies in den offenen Erosionsanrissen unter Einwirkung der splash-erosion möglich ist. Dies bestätigte sich bei der Analyse des Gerinnebettmaterials. Während im Verlauf Kotlaine/Lainbach der Karbonatgehalt des Feinschwebs im Bachbett bei 65% lag, erreichte er in der Schmiedlaine nur 48%.

Der dominante Einfluß der pleistozänen Ablagerungen auf den Karbonatgehalt der Schwebstoffe zeigte sich nach der Ausgliederung unterschiedlicher Situationen mit Feststofftransport im jahreszeitlichen Ablauf (Tab. 13).

Tabelle 13: Der Karbonatgehalt (in Prozent) des Feinschwebs bei unterschiedlichen Transportbedingungen im Lainbachgebiet

	Kotlaine Pegel	Schmiedlaine Pegel	Lainbach Pegel	Melcherreiße Pegel
Schmelzabfluß	n = 11 $\emptyset$ = 59% s = 6,2%	n = 3 $\emptyset$ = 56% s = 4,7%	n = 6 $\emptyset$ = 61% s = 2,4%	--
Murgänge	n = 9 $\emptyset$ = 70% s = 3,5%	--	n = 6 $\emptyset$ = 73% s = 2,1%	n = 8 $\emptyset$ = 69% s = 2,8%
Gewitterabfluß	n = 3 $\emptyset$ = 59% s = 7,7%	--	n = 2 $\emptyset$ = 62% s = 8,8%	--
Sommerhochwasser	n = 17 $\emptyset$ = 54% s = 9,6%	n = 14 $\emptyset$ = 41% s = 10,4%	n = 14 $\emptyset$ = 50% s = 9,0%	n = 5 $\emptyset$ = 73% s = 7,3%

n = Anzahl der Messungen
$\emptyset$ = Mittelwert des Karbonatgehaltes des Schwebstoffes
s = Standardabweichung vom Mittelwert

Während der Murgänge aus dem Gebiet der Melcherreiße stieg der Karbonatgehalt des Feinschwebs auf maximale Werte von etwa 70% an. Da hier ausschließlich das Material der pleistozänen Talverfüllung transportiert wurde, können diese Werte für eine

"Eichung" herangezogen werden, um den Einfluß der Reißen auf den Feststoffaustrag zu beurteilen.
Obwohl der Abtrag in den großen Erosionsanrissen bei Schmelzabflüssen bzw. Gewitterschauern den Schwebstoffaustrag maßgeblich beeinflußt, stammt ein Teil der Schwebstoffe nicht aus diesen Liefergebieten, sondern wird vermutlich aus den durch Lateralerosion entstandenen Uferanrissen im Bereich des Flysch und der Allgäudecke ausgespült. Der Karbonatgehalt der Sedimente ist daher etwas geringer als der des Reißenmaterials.
Während der unter dem Sammelbegriff "Sommerhochwasser" zusammengefaßten Ereignisse weichen die Karbonatgehalte der Schwebstoffe noch deutlicher von denjenigen bei Murgängen ab. Die hohe Standardabweichung zeigt, daß hier große Unterschiede zwischen den Hochwasserereignissen auftreten. Geringe Niederschläge führen nicht zu direktem Abfluß unter Wald, so daß als Liefergebiete - läßt man einmal die über Karstwege entwässernden Hochlagen außer acht - nur die vegetationslosen Reißen in Frage kommen. Der Karbonatgehalt im Feinschwebbereich steigt dann bis auf 60-65% an. Auf Werte unter 50% sinkt er während starker, langandauernder Regenfälle ab, da es dann zu ausgedehntem Oberflächenabfluß auch unter Wald kommt (Tab. 12).

Im Feinschwebbereich nimmt der Karbonatgehalt bis hin zur Tonfraktion weiter ab, was schon durch die Röntgendiffraktometeranalysen belegt werden konnte (vgl. Abb. 107, S.178).

6. Schlußbetrachtung

Die jährliche Schwebstofffracht im Sommerhalbjahr kann nach einer Kalibrierungsphase mithilfe der registrierten maximalen Wasserstände der Hochwasserabflüsse berechnet werden. Der Schätzfehler liegt mit $\pm 30\%$ erheblich niedriger als bei einer Berechnung auf der Grundlage diskreter Einzelwerte des Abflusses und der Schwebstoffkonzentration mit bis zu +900% bzw. -90% bei Monats- und Jahressummen (D.E. WALLING, 1977). Die Regressionsanalysen zeigen, daß der Zusammenhang der Beziehung

Spitzenabfluß - Schwebstoffaustrag im Lainbachtal deutlich
stärker ist (vgl. Abb. 76 und 73-75).
Die Prognose des Feststoffaustrages im Winterhalbjahr ist bisher noch nicht befriedigend gelöst. Da keine Beziehung zum Abfluß hergestellt werden konnte, wurde die zugeführte Schmelzenergie in Form der Tagessummen der Globalstrahlung als Maß für die Mobilisierung der Schwebstoffe verwandt. Bezogen auf die Jahresfracht ist dennoch nicht mit einem starken Ansteigen der Schätzfehler von ±30% zu rechnen, da der Sedimentaustrag bei Schneeschmelzabflüssen im Vergleich zu Hochwasserabflüssen nach Regenniederschlägen geringer ist.
Geht man davon aus, daß der jährliche Schwebstoffaustrag durch Schneeschmelzabflüsse nur wenig variiert, dann wird das Verhältnis von Sommer- zu Winterhalbjahr durch die Feststofffracht während einzelner kräftiger Hochwasserabflüsse im Sommer bestimmt. Es schwankt daher stark und liegt am Lainbach etwa zwischen 1,5:1 und 20:1 (vgl. Tab. 8,S.133).
G. KRONFELLNER-KRAUS (1984) weist zurecht darauf hin, daß die Genauigkeit der Messung des mittleren jährlichen Sedimentaustrages entscheidend von der Länge des Beobachtungszeitraumes abhängt. Die Schwebstofffracht kann mit Hilfe der langjährigen Abflußmeßreihe im Lainbachtal für das Sommerhalbjahr aufgrund der gefundenen Beziehung zwischen Spitzenabfluß und Schwebstoffaustrag berechnet werden. Zur besseren Absicherung im oberen Hochwasserbereich sollten aber möglichst zahlreiche Messungen des Schwebstoffaustrages vorliegen.
Eine besondere Schwierigkeit stellt die Quantifizierung des Feststoffaustrages nach Rutschungen und Murgängen dar. Die Wiederkehrperiode großer Massenbewegungen im Lockermaterial der Talverfüllung kann nur grob geschätzt werden. Erst durch detailierte Untersuchungen der Kausalzusammenhänge, die die Murgänge hervorrufen, wird es möglich sein, diese Bewegungen und den damit verbundenen Sedimentabtrag anzugeben.

Aufgrund der Schwebstoffuntersuchungen errechnet sich ein mittlerer Gebietsabtrag von etwa 0,38 mm/a. Dieser stellt nur einen Teil der gesamten Abtragung dar. Nach N. SOMMER (1980) ist der Anteil des Gelösten in vergleichbaren Wildbacheinzugsgebieten

gering, hingegen muß man davon ausgehen, daß die Geschiebefracht
noch einmal ca. 50-100% bezogen auf die Schwebstofffracht beträgt. Damit ließe sich der Gebietsabtrag ganz grob auf etwa
0,6-0,8 mm/a veranschlagen. Wie SOMMER nachweisen konnte, variiert das Gewichtsverhältnis Schwebstoff zu Geschiebe in Abhängigkeit von den petrographischen Voraussetzungen und der Größe
der Einzugsgebiete stark. Die Verwitterung der Festgesteine ist
im Lainbachtal im Hinblick auf den Sedimenttransport von geringer Bedeutung, da ein Großteil der Feststoffe aus den pleistozänen Lockersedimenten abgetragen wird. Da hier der Gehalt
der Kornfraktion > 2,0 mm nach eigenen Untersuchungen die 50%
Grenze nicht übersteigt (vgl. auch J. MUXFELD, 1972), kann auch
der Geschiebeanteil kaum höher als der der Schwebstoffe sein.
Hinzu kommt der Abtrag aus den Flyschgebieten, für die N. SOMMER
einen Geschiebeanteil von maximal 25% am Feststoffabtrag angibt.
Es ist daher davon auszugehen, daß der Geschiebetransport im
Mittel keinesfalls größer als die Schwebstofffracht des Lainbaches ist.

Die errechnete durchschnittliche rezente Abtragung im Lainbachtal ist über das Gesamtgebiet sehr ungleich verteilt und
kann daher nur eingeschränkt auch für die künftige und vergangene Entwicklung als Maß dienen. Der entscheidende Faktor -
die pleistozänen Lockersedimente - wird mit zunehmender Ausräumung der Reste der Talverfüllung weiter an Einfluß verlieren, so daß die Jahresfracht insgesamt über einen langen
Zeitraum (Jahrtausende) eine abnehmende Tendenz haben müßte.
Detaillierte Angaben über den Feststoffaustrag seit dem Abschmelzen des Loisachgletschers sind nur möglich, wenn die
zeitliche Abfolge der Ausräumung der Stausedimente einerseits
und die Entstehung rezenter Erosionsanrisse andererseits bekannt
sind. Die Ergebnisse dieser Untersuchung sind also nur als
geologische Momentaufnahme zu sehen, eine Einschränkung die
bei Untersuchungen im alpinen Raum häufig übersehen wird oder
implizit vorausgesetzt wurde (B. PETERS-KÜMMERLY, 1973, G.MÜLLER
und U. FÖRSTNER, 1968, H. JÄCKLI, 1958).

Die rezente Abtragung in den Zentralalpen ist im Vergleich mit
randalpinen Einzugsgebieten, deren Abflüsse durch glazialen
Schutt stark belastet sind, etwa um eine Zehnerpotenz geringer
(N. SOMMER, 1980). Dies wird auch durch die aktualmorphologischen Arbeiten von G. VORNDRAN (1979) im Einzugsgebiet des
Sextner Baches (Südtirol) bestätigt.
Wie die Ergebnisse aus den schweizer Alpen zeigen (B. PETERSKÜMMERLY, 1973, H. JÄCKLI, 1958, G. MÜLLER und U. FÖRSTNER, 1968),
stimmt die Höhe der rezenten Abtragung im Lainbachtal in der
Größenordnung mit diesen überein.
Für den Mittelgebirgsraum muß mit wesentlich geringeren Sedimentfrachten gerechnet werden, da Moränen, Talverfüllungen etc.
fehlen. Im Schwarzwald ermittelte K.-H. NIPPES (1975) aufgrund
von Schwebstoffmessungen eine Abtragung von lediglich 0,015 mm/a.
Auch in anderen Mittelgebirgseinzugsgebieten liegt beispielsweise die Schwebstoffspende um eine Zehnerpotenz niedriger als
im alpinen Raum (A.v. RINSUM, 1950).
Im ariden Klimabereich mit potentiell hohem Angebot an Lockermaterial wird der Sedimentaustrag durch geringe Niederschlagsmengen begrenzt (A. YAIR und H. LAVEE, 1981), in rezenten Periglazialgebieten durch eine langanhaltende Frostperiode. Während
der Schneeschmelze im Sommer wird dort der überwiegende Teil
der Schwebstoffe transportiert (E. SCHUNKE, 1981). Die daraus
errechnete jährliche Abtragung liegt mit 0,17 mm (Island, E.
SCHUNKE, 1981) in der Größenordnung randalpiner Einzugsgebiete.

Neben den petrographischen und klimatischen Bedingungen beeinflußt besonders die Wirtschaftsweise des Menschen die Höhe der
fluvialen Erosionsbeträge. Im Lainbachtal wurde verbreitet
auch auf den Hängen der Stausedimente bis ins 20.Jahrhundert
hinein Waldweide betrieben. Bisher konnte noch nicht geklärt
werden, ob hierdurch - nach einer vorübergehenden Ruhephase -
die großen rezenten Erosionsanrisse entstanden sind.
Für die zukünftige Entwicklung wird das Ausmaß der Umwelteinflüsse in diesem zu 80% bewaldeten Einzugsgebiet vielleicht
entscheidende Veränderungen der Feststofführung hervorrufen
(LAW, 1983). Schon jetzt sind die Nadelbäume auf vernäßten
Standorten und besonders im Bereich der Flyschzone geschädigt.

Zugleich wurde der Jungwuchs bisher durch zu hohe Wildbestände auch auf rutschungsgefährdeten Standorten verbissen. Auf die große Bedeutung eines intakten montanen Mischwaldes, wie er an den Hängen der Stausedimente teilweise noch stockt, für die Verhinderung großflächiger Erosionsschäden haben bereits W. GROTTENTALER und W. LAATSCH (1973) hingewiesen. Es ist fraglich, ob die Hangbewegungen in der Melcherreiße den Beginn einer neuen Phase intensiver Erosion und Denudation anzeigen. Eine weitflächige Vergrößerung der Reißenflächen könnte auch für den Ort Benediktbeuern eine Gefährdung durch Vermurungen und Überflutungen mit sich bringen.

7. Zusammenfassung

In den Jahren 1984 und 1985 wurde in dem 18,8 km² großen Einzugsgebiet des Lainbaches bei Benediktbeuern (Obb.) der rezente Schwebstoffaustrag eines randalpinen Wildbaches untersucht.

Im hydrologischen Winterhalbjahr sind drei Ereignistypen des Schwebstoffaustrages zu unterscheiden:
- Schneeschmelzabflüsse, mit hohen Schwebstofffrachten besonders im Frühjahr (4.1.1)
- Schneeschmelz-Regenereignisse (4.1.3)
- Murgänge (4.1.2.2)

Die mehrfache Ausaperung strahlungsexponierter Reißen dominiert den schneeschmelzinduzierten Schwebstoffaustrag im Hoch- und Spätwinter. Die Liefergebiete lassen sich anhand der Ganglinien von Abfluß, Schwebstoffkonzentration und -führung ausgliedern. Da kein Zusammenhang zwischen Abfluß und Schwebstoffkonzentration nachgewiesen werden konnte, wird ein Berechnungsverfahren für den Schwebstoffaustrag in diesem Zeitraum vorgeschlagen, daß als Bezugsgrößen den Strahlungsgewinn und die Schwebstofffracht pro Schmelzereignis einsetzt. Bei einer noch geringen Zahl von Beobachtungen sind weitere Messungen notwendig, um hier eine höhere Genauigkeit zu erzielen.

Regenniederschläge führen während der Schneedeckenperiode zu starker Abtragung in den Erosionskesseln und hoher Sedimentbe-

lastung der Vorfluter (4.1.3). Der Gesamtaustrag regeninduzierter Ereignisse lag 2-3 mal höher als während reiner Schneeschmelzabflüsse (4.1.4.4).
Der Gesamtaustrag im Winterhalbjahr liegt im Mittel bei 1000 t.
Murgänge traten als singuläre Ereignisse mit kräftigem Feststofftransport während der Frühjahrsablation auf. Nahezu 3000 t Schwebstoffe wurde in drei Tagen am Talausgang während der Murgänge gemessen.
Das Entstehen von Murgängen wird durch die morphodynamischen Prozesse in den pleistozänen Lockersedimenten gesteuert. Die Entwicklung der Erosionsanrisse seit 1860 zeigt ein Vergleich alter Karten mit neuesten Luftbildern (4.2.1). Die aktuelle Formung erfolgt durch
- Abbrechen großer Partien an der Anrißkante (4.2.2.1, Abb. 48)
- Rotationsrutsche (4.2.2.2)
- Murgänge, Erdgänge (Abb. 27, 53).
Als Folge von Rotationsrutschungen kommt es zur Ausbildung von Mur- und Erdgängen (4.2.3).
Mobilisierte Lockersedimente werden durch Erosion nach Sommerniederschlägen abgetragen.

Im Sommerhalbjahr wird die Höhe des Schwebstoffaustrages von wenigen kräftigen Hochwasserabflüssen bestimmt, die bis zu 80% der jährlichen Fracht umfassen können (Tab. 8).
Die Berechnung des Schwebstoffaustrages erfolgt über ein neues Verfahren, da die Beziehung zwischen Abfluß und Schwebstoffkonzentration undeutlich ist: Der während eines Hochwasserereignisses erreichte Spitzenabfluß wird in Beziehung zum gesamten Schwebstoffaustrag dieses Ereignisses gesetzt. Je höher der maximale Abfluß ansteigt, desto stärker ist auch der Sedimentaustrag (4.3.3.1). Nach einer Kalibrierungsphase lassen sich anhand von Regressionsgeraden an den drei Hauptpegeln für den Zeitraum 1972-1985 (Abflußmessungen im Rahmen des SFB 81,A 2) die Schwebstofffrachten im Sommerhalbjahr berechnen:
Mittlerer jährlicher Schwebstoffaustrag aus dem Gesamtgebiet (Pegel Lainbach) im Sommerhalbjahr 10000 t (s = 5785 t). Das Verhältnis Sommer zu Winter liegt im Mittel bei 10 : 1.
Der Gesamtfeststoffaustrag wird 20000 $t \cdot a^{-1}$ nicht überschrei-

ten, da der Geschiebeanteil in den pleistozänen Lockersedimenten bei 40-45 % liegt.

Die qualitative Analyse der Schwebstoffe beinhaltete: Bestimmung des Anteils organischer Substanzen (5.1), der Korngrößenzusammensetzung (5.2), der mineralischen Inhaltsstoffe (5.3) und des Karbonatgehaltes (5.4).

Die Korngrößenanalysen zeigten, daß
- im Winterhalbjahr ausschließlich Transport von Feinschweb erfolgt (5.2.2.1),
- sommerliche Hochwasserabflüsse zur Ausräumung von Feinmaterial im Bachbett führen,
- mit wachsendem Abfluß der Anteil der Grobschwebfraktion (>63 µm) zunimmt,
- bei starkem Geschiebetrieb (ev. mit Dünenbildung, Geschiebewellen) die Grobschwebgehalte auf über 60 % des Gesamtschwebs ansteigen,
- eine Korngrößendifferenzierung der Schwebstoffe im Längsprofil der Bäche mit höheren Grobschwebanteilen im Oberlauf auftritt.

Die röntgendiffraktometrische Untersuchung von Texturpräparaten des Feinschwebs ergab eine regionale Differenzierung der Herkunft der Schwebstoffe:
- Im Winterhalbjahr und auch während kleiner und mitllerer Hochwasserabflüsse im Sommer wird der Schwebstoff vorwiegend aus den rezenten Erosionsanrissen in den pleistozänen Lockersedimenten abgetragen.
- Bei seltenen Spitzenhochwasserabflüssen zeigte sich allerdings, daß nach langanhaltenden kräftigen Regenniederschlägen auch aus der dichtbewaldeten Flyschzone bedeutende Mengen Schwebstoffe in die Vorfluter gespült werden können (besonders hoher Quarzanteil).

Die Konzentration an organischen Inhaltstoffen ist gering. Sie nimmt mit zunehmender Schwebstoffkonzentration ab (auf ca. 3 %), wobei ein deutlicher Zusammenhang mit dem Korngrößenspektrum besteht (5.1.1). Im Niedrigwasserbereich zeigt sich ein Jahresgang mit hohen organischen Anteilen im Frühjahr und Herbst (5.1.2).

Literatur

Abkürzungen: DGM = Deutsche Gewässerkundliche Mitteilungen
IAHS = International Association of Hydrological Sciences

ALLEN, P.B. und Del Var PETERSEN (1981): A study of the variability of suspended sediment measurements. IAHS No. 133, S. 203-211, Florenz

Van ASCH, Th. W. J., W.H. BRINKHORST, H.J. BUIST, P. van VESSEM (1984): The development of landslides by retrogressive failure in varved clays. Z.f. Geomorph., Bd. 49, S. 165-183, Berlin/Stuttgart

ASHIDA, K. und T. TAKAHASHI (1981): Impact and management of steepland erosion. Part I: Impact of steepland erosion on human activities. IAHS No. 132, S. 458-478, Christchurch

ASHIDA, K., T. TAKAHASHI und T. SAWADA (1981): Processes of sediment transport in mountain stream channels. IAHS No. 132, S. 166-179, Christchurch

BARRAGE, A. (1979): Turbulenz- und Schwebstoffuntersuchungen in Flüssen. Zürich

BAUER, F. (1979): Das flußmorphologische Verhalten des bayerischen Lechs. Schriftenreihe des Bayer. Landesamtes f. Wasserwirtschaft, München

BAUER, F. (1960): Entwicklung des Entnahmegerätes für Schwebstoffmessungen. IAHS No. 53, S.23-25, Gentbrügge

BAUER, F. und J. BURZ (1968): Der Einfluß der Feststoffführung alpiner Gewässer auf die Stauraumverlandung und Flußbetteintiefung. Die Wasserwirtschaft, 58. Jg. H. 4, Stuttgart

BAUMGARTNER, P. (1980): Erd- und Schuttströme im Gschliefgraben bei Gmunden am Traunsee (OÖ) - Zu ihrer Entstehung, Entwicklung und Sanierung. Intern. Symp. Interpraevent, Bd. 4, S. 85-103, Bad Ischl

BAUMHACKL, H. (1975): Hydrographie, Geschiebe- und Schwebstoffverhältnisse des Draukraftwerkes Rosegg - St. Jakob. Österr. Zeitschr. f. Elektrizitätswirtschaft, Nr. 28, H. 1, S.12-17

BAYERISCHE LANDESSTELLE FÜR GEWÄSSERKUNDE (1972): Die Schwebstofführung bayerischer Flüsse. München

BAYERISCHE LANDESSTELLE FÜR GEWÄSSERKUNDE (1972): Statistische Auswertung von Schwebstoffmessungen. Abschlußbericht zu einem Forschungsvorhaben. München

BAYERISCHE LANDESSTELLE FÜR GEWÄSSERKUNDE (1971): Anleitung für die Durchführung von Schwebstoffmessungen. München

BESCHTA, R.L. (1981): Patterns of sediment and organic-
matter transport in Oregon Coast Range streams. IAHS
No. 132, S. 179-189, Christchurch

BOGARDI, J. (1974): Sediment transport in alluvial streams.
Budapest

BOGARDI, J. (1956): Über die Zu- und Abnahme des Schwebstoffgehaltes in den Flüssen mit der Änderung des
Abflusses. Die Wasserwirtschaft, Jg. 47, H.3, S. 59-
66, Stuttgart

BRUK, S. (1969): Schwebstofführung feinsandiger Wasserläufe.
VA f. Wasserbau u. Kulturtechnik d. Univ. Karlsruhe,
S. 127-156

BUNZA, G. (1975): Klassifizierung alpiner Massenbewegungen
als Beitrag zur Wildbachkunde. Intern. Symp. Interpraevent, Bd. 1, S. 9-24, Innsbruck

BUNZA, G., J. KARL und J. MANGELSDORF (1976): Geologisch-
morphologische Grundlagen der Wildbachkunde. Schriftenreihe des Bayer. Landesamtes f. Gewässerkunde, München

BURT, T.P., M.A. DONOHOE und A.R. VANN (1984): A comparison
of suspended sediment yields from two small upland
catchments following open ditching for forestry drainage.
Z. f. Geomorphologie, Suppl. Bd. 51, S. 51-62, Berlin

BURZ, J. (1958): Abgrenzung der Schwebstoff- und Sohlen-
fracht. Wasserwirtschaft, 48. Jg., H.14, S. 387-89,
Stuttgart

BURZ, J. (1967): Verteilung der Schwebstoffe in offenen Gerinnen. IAHS No. 75, S. 279-96, Gentbrügge

BURZ, J. (1971): Erfahrungen mit der fotometrischen Trübungs-
messung. Bes. Mitt. z. D. Gewk. Jb. Nr. 35, S. 355-64,
Koblenz

CHANG, M. und K.L. WONG (1983): Effects of landuse and water-
shed topography on sediment delivery ration in East Texas.
Beitr. z. Hydrologie, Jg. 9, H.1, S. 55-69, Kirchzarten

CHORLEY, R.J., S.A. SCHUMM und D.E. SUGDEN (1984): Geomor-
phology. London/New York

CLASEN, J. und H. BERNHARDT (1983): In-situ-Trübungsmessun-
gen in der Walmbachtalsperre. Das Gas- und Wasserfach,
Wasser/Abwasser, 124.Jg., H. 12, S. 575-581

COLBY, B.R. (1963): Fluvial sediments - a summary of source,
transportation, deposition and measurement of sediment
discharge. U.S. Geolog. Surv., Bull., No. 1181A,S.1-47

DEMUTH, S. und W. MAUSER (1983): Messung und Bilanzierung
der Schwebstofffracht - Untersuchungen im Ostkaiser-
stuhl 1981. Beitr. z. Hydrologie, H. 9, 2, S.33-57,
Kirchzarten

DEUTSCHER WETTERDIENST (DWD) (1984, 1985): Monatlicher Wit-
terungsbericht. Amtsblatt des DWD, Offenbach

DEUTSCHES INSTITUT FÜR NORMUNG (DIN) e.V. (1979): DIN 4049
Teil 1, Hydrologie - Begriffe, quantitativ, Berlin,Köln

DEUTSCHES INSTITUT FÜR NORMUNG e.V. (1979): DIN 19684, Teil 3, Bestimmung des Glühverlustes und des Glührückstandes, Berlin, Köln

DICKINSON, W.T. (1981): Accuracy and precision of suspended sediment loads. IAHS No. 133, S. 195-202, Florenz

DIETRICH, W.E. und T. DUNNE (1978): Sediment budget for a small catchment in mountain terrain. Z. f. Geomorph., Suppl. Bd. 29, S. 191-206, Berlin

DOLLFUSS-AUSSET (1864): Materiaux pour l'étude des glaciers. S.276ff, Paris

EINSTEIN, H.A. (1964): Sedimentation, Part II. River sedimentation. In: Handbook of applied hydrology. Hrsg. v. V. te CHOW. Kap. 17, S. 36-64, New York, San Francisco, Toronto, London

EINSTEIN, H.A. (1950): The bed load function for sediment transportation in open channel flows. U.S. Dept. Agr., Soil Conserv. serv., Tech. Bull. 1026

ENGELSING, H. (1981): Die Verwendung photoelektrischer Trübungsmesser zur Schwebstoffmessung. Beitr. z. Hydrologie. Sonderheft 2, S. 193-210, Freiburg

ENGELSING, H. und K.-H. NIPPES (1979): Untersuchungen zur Schwebstoffführung der Dreisam. Ber. d. Naturforschenden Gesellschaft zu Freiburg i. Br. ,Bd. 69, S, 3-29

FAYE, R.E., W.P. COREY, J.K. STAMER, R.L. KLECKER (1980): Erosion sediment discharge and channel morphology in upper Chattachoockee river basin, Georgia. U.S. Geol. Survey Prof. Pap. 1107

FELIX, R. (1985): Räumliche und zeitliche Verteilung des Niederschlages im Lainbachtal bei Benediktbeuern/Obb. Münchener Geogr. Abh. Reihe B, Bd. 1, S. 3-27

FENN, C.R., A.M. GURNELL und J.R. BEECROFT (1985): An evaluation of the use of suspended sediment rating curves for prediction of suspended sediment concentration in a proglacial stream. Geogr. Annaler Vol. 67, No. 1-2, S.61-71

FUKUSHIMA, Y. (1984): Effects of reforestation and checkdams on storm runoff and sediment transport. Intern. Symp. Interpraevent, Bd. 3, S. 245-257, Villach

GEOLOGISCHES LANDESAMT, MÜNCHEN (1985): Bericht über geophysikalische Messungen im Bereich der Lainbach-Staubeckensedimente (unveröff.)

GOGARTEN, E. (1909): Messung der Schlammführung von Gletscherbächen. Z. f. Gletscherkunde, H. 4, S. 271-286, Berlin

GOMEZ, B. (1983): Temporal variations in the particle size distribution of surficial bed material: The effect of progressive bed armouring. Geogr. Annaler, Vol. 65A, No. 3-4, Ser. A, Physical Geogr., S.183-93, Stockholm

GRASER, D. (1986): Die Wasserstands-Abfluß Beziehung an den Pegeln Lainbach, Schmiedlaine und Kotlaine. Dipl.Arb., München

GRETENER, B. (1985): The river Fyrisån, transportation and deposition of suspended sediment. Geogr. Annaler, Vol. 67, No. 1-2, S. 139-145, Stockholm

GROTTENTHALER, W. und LAATSCH, W. (1973): Untersuchungen über den Hangabtrag im Lainbachtal bei Benediktbeuern. Forstwirtsch. Centralbl., Bd. 92, S. 1-19

HAMPEL, R. (1969): Geschiebebewirtschaftung in Wildbächen. Die Wasserwirtschaft, 59.Jg., S. 64-70, Stuttgart

HERRMANN, A. (1978): Schneehydrologische Untersuchungen in einem randalpinen Niederschlagsgebiet (Lainbachtal bei Benediktbeuern, Oberbayern). Münchener Geogr. Abh.,Bd.22

HERRMANN, A. (1974): Bedeutung der Variabilität von Schneedeckenparametern für die Messung der mittleren Wasserrücklage in der Schneedecke am Beispiel kleiner Testflächen. DGM, 18.Jg., H. 1, S. 17-22, Koblenz

HERRMANN, A., K. PRIESMEIER und F. WILHELM (1973): Wasserhaushaltsuntersuchungen im Niederschlagsgebiet des Lainbaches bei Benediktbeuern/Obb. DGM, 17.Jg., H.3, S.65-73, Koblenz

HINRICH, H. (1971): Schwebstoffgehalt und Schwebstofffracht der Haupt- und einiger Nebenflüsse in der BRD. DGM, 15. Jg., S. 113-129, Koblenz

HINRICH, H. (1973): Ermittlung von Schwebstoffgehalt und Schwebstofffracht der Elbe im Bereich Hitzacker in den Jahren 1963-1971. Wasser und Boden, 25.Jg.,S.69-72, Hamburg

HINRICH, H. (1974): Schwebstoffgehalt, Gebietsniederschlag, Abfluß und Schwebstofffracht der Ems bei Rheine und Versen in den Jahren 1965 - 1971. DGM, 18.Jg., S. 85-94, Koblenz

HJULSTRÖM, F. (1932): Das Transportvermögen der Flüsse und die Bestimmung des Erosionsbetrages. Geogr. Annaler, 1932, H.3, S. 244-58, Stockholm

HOOFT, P.P.M. van und P.D. JUNGERIUS (1984): Sediment source and storage in small watersheds on the Keuper Marls in Luxembourg, as indicated by soil profile truncation and the deposition of colluvium. Catena, Vol. 11, No. 2/3, S. 133-145, Braunschweig

HUSEN, D. van (1980): Massenbewegungen und Lockergesteinsanhäufungen in Abhängigkeit von der würmzeitlichen Gletscherentwicklung am Beispiel des Trauntales (Oberösterreich). Intern. Symp. Interpraevent, Bd. 1, S. 149-159, Bad Ischl

ISEYA, F. (1984): An experimental study of dune development and its effect on sediment suspension. Environmental Research Center Papers No. 5, Univ. of Tsukuba, Tokyo

JÄCKLI, H. (1957): Gegenwartsgeologie des bündnerischen Rheingebietes. Beitr. z. Geol. d. Schweiz, Geotechn. Ser., Lief. 36, Zürich

JÄCKLI, H. (1958): Der rezente Abtrag der Alpen im Spiegel der Vorlandsedimentation. Eclogae geol. Helv., Vol.51,2

JÄGGI, M. (1984): Bestimmung der Feststofftransportkapazität in Steilgerinnen. Intern. Symp. Interpraevent, Bd.1, S. 113-121, Villach

JARABAC, M. und A. CHLEBEK (1984): Der Einfluß des Kahlschlages im Flyschgebiet auf den Abflauf der Trübung der HQ-Quellen. Intern. Symp. Interpraevent, Bd. 1, S. 93-107, Villach

JEDLITSCHKA, M.(1984): Untersuchungen der Nährgebiete von Erdströmen im Hinblick auf deren Stabilisierung am Beispiel des Gschliefgrabens bei Gmunden, Oberösterreich. Intern. Symp. Interpraevent, Bd. 2, S. 89-109, Villach

KARL, J. (1970): Über die Bedeutung quartärer Sedimente in Wildbachgebieten. Wasser und Boden, Bd. 9, S. 271-272

KARL, J. und W. DANZ (1969): Der Einfluß des Menschen auf die Erosion im Bergland. Schriftenreihe d. Bayer. Landesamtes f. Gewässerkunde, H.1, München

KARL, J., K. SCHEURMANN und J. MANGELSDORF (1975): Der Geschiebehaushalt eines Wildbachsystems, dargestellt am Beispiel der oberen Ammer. DGM, S. 121-132, Koblenz

KENNEDY, V.A. (1964): Sediment transportes by Georgia streams. U.S. Geological Survey Water Supply Paper, 1968

KLEIN, M.(1984): Anti clockwise hysteresis in suspended sediment concentration during individuell storms: Holbeck catchment, Yorkshire, England. Catena, Vol.11, S. 251-57, Braunschweig

KOTOULAS, D.(1980): Materialerzeugung und Murenbildung dargestellt am Beispiel einiger murfähiger Wildbäche Nordgriechenlands. Intern. Symp. Interpraevent, Bd. 1, S. 331-351, Bad Ischl

KRESSER, W.(1964): Gedanken zur Geschiebe- und Schwebstoffführung der Gewässer. Österreich. Wasserwirtsch., 16.Jg., H. 1/2, S. 6-11, Wien

KRONFELLNER-KRAUS, G.(1984): Extreme Feststofffrachten und Grabenbildungen von Wildbächen. Intern. Symp. Interpraevent, Bd. 2, S. 109-119, Villach

KRONFELLNER-KRAUS, G.(1982): Über den Geschiebe- und Feststofftransport in Wildbächen. Österreich. Wasserwirtsch., Jg.34, H. 1/2, Wien

KRONFELLNER-KRAUS, G.(1974): Die Wildbacherosion im allgemeinen und der Talzuschub im besonderen. Festschrift '100 Jahre Forstl. Bundesversuchsanstalt', Wien

KUNKLE, S.H. und G.H. COMER (1971): Suspended, bed, and dissolved loads in the Sleepers River, Vermont, USA. U.S. Agricultural research service bull. 41

LANGBEIN, W.B. und L.B. LEOPOLD(1968): River channel bars and dunes - theory of kinematic waves. U.S. Geol. Surv. Prof. Pap. 122L, S. 1-20

LANDESAMT FÜR WASSERWIRTSCHAFT (LAW)(1983): Untersuchungen über die Auswirkungen des Waldsterbens auf wasserwirtschaftliche Belange. Auswirkungen auf die Wildbachtätigkeit in zwei randalpinen Einzugsgebieten. München (unveröff.)

LAMBERT, A., M. JÄGGI, W. PETER, G.M. SMART (1983): Ablagerungen und Sedimentationsvorgänge in der Reuß-Stauhaltung Bremgarten-Zutikon. Mitt. d. Versuchsanst. f. Wasserb., Hydrologie und Glaziologie Nr.67, Zürich

LEHRE, A.K.(1981): Sediment budget of a small California Coast Range drainage basin near San Francisco. IAHS No. 132, S. 123-140, Christchurch

LEKACH, J. und A.P. Schick (1982): Suspended sediment in desert floods in small catchments. Isreal Journ. of Earth Sciences No. 31, S. 144-156

LEKACH, J. und A.P. SCHICK (1983): Evidence for transport of bedload in waves: Analysis of fluvial sediment samples in a small upland stream channel. Catena Vol.10, S. 267-279, Braunschweig

MANGELSDORF, J. und K. Scheurmann(1980): Flußmorphologie. München/Wien

MARGAROPOULOS,P.(1960-1964): Rapports sur la classifikation des basins torrentiels. FAO/EFC/TORR., 31/1960, 43/1962, 2/1964

MEADE, R.H., W.W. EMMETT und R.M. Myrick(1981): Wavelike movement of bedload. East Fork River, Wyoming, USA. Abstracts, Conference on Modern and Ancient Fluvial Systems Sedimentology and Processes. Univ. of Keele, UK

MESSINNES, M.J.(1964): Plan de monographie detaillé de basin experimental. FAO/EFC/TORR - 65/23, Rom

MIZUYAMA, T.(1981): An intermediate phenomenon between debris flow and bed load transport. IAHS No. 132, S. 212-225, Christchurch

MOSER, M.(1980): Zur Analyse von Hangbewegungen in schwachbindigen Lockergesteinen im alpinen Raum anläßlich von Starkniederschlägen. Intern. Symp. Interpraevent, Bd.1, S. 121-149, Bad Ischl

MÜLLER, D.(1977): Welchen Anteil hat das Phytoplankton am Schwebstoffgehalt von Oberflächengewässern? DGM, Jg. 21, H. 1, S. 1-6, Koblenz

MÜLLER, G. und U. FÖRSTNER (1968): Sedimenttransport im Mündungsgebiet des Alpenrheins. Geol. Rundschau, Bd. 58, S. 229-259, Stuttgart

MÜLLER, J., W. KRETLER und A. HIRNER (1976): Zur Methodik von Schwebstoffuntersuchungen an Flußgewässern. Gas- und Wasserfach - Wasser/Abwasser 117, H.5, S. 220-22

MUXFELD, J.(1972): Der Aufbau der pleistozänen Talverschüttung im Bereich der Kotlaine. Zulassungsarb. f.d. LA an Gymn., München

NIPPES, K.-H.(1983): Erfassung von Schwebstofftransporten in Mittelgebirgsflüssen. Geoökodynamik Bd. 4, S.105-24, Darmstadt

NIPPES, K.-H.(1975): Neue Möglichkeiten zur Berechnung von Schwebstofffrachten in Gebirgsbächen. Intern. Symp. Interpraevent, Bd. 1,S.63-74, Innsbruck

NORDIN, C.F. und J.P. BEVERAGE (1965): Sediment transport in the Rio Grande New Mexiko. U.S. Geolog. Surv. Prof. Paper 462-F

NYDEGGER, P.(1967): Untersuchungen über Feinstofftransport in Flüssen und Seen, über Entstehung von Trübungshorizonten und zuflußbedingten Strömungen im Brienzer See und einigen Vergleichsseen. Beitr. z. Geol. d. Schweiz, Hydrologie Nr. 16, Bern

PENCK, A,(1882): Die Vergletscherung der Deutschen Alpen.

PETERS-KÜMMERLY, B.(1973): Untersuchungen über Zusammensetzung und Transport von Schwebstoffen in einigen Schweizer Flüssen. Geogr. Helv. Jg. 28/3, S. 137-151, Bern

PETTS, G. und I. FOSTER (1985): Rivers and Landscape. London

PICKUP, G.(1981): Stream channel dynamics and morphology. IAHS No. 132, S.142-166, Christchurch

PICKUP, G., R.J. HIGGINS und R.F. WARNER (1981): Erosion and sediment yield in Fly River drainage basins, Papua New Guinea. IAHS No. 132, S. 438-457, Christchurch

PULSELLI, U.(1975): Die Feststofffracht in italienischen Versuchseinzugsgebieten. Intern. Symp. Interpraevent, Bd. 1, Innsbruck

RAKOCZI, L.(1977): The significance of infrequent, high suspended sediment concentrations in the estimation of annual sediment transport. IAHS No. 122, S.19-26, Paris

RATHJENS, C.(1957): Schwäbisch-oberbayerische Voralpen. Handbuch der naturräumlichen Gliederung Deutschlands. Veröff. d. Bundesanst. f. Landesk. hrsg. v.E. MEYNEN und J. SCHMITTHÜSEN, S. 60-77, Remagen

RAUDKIVI, A.J.(1982): Grundlagen des Sedimenttransportes. Berlin. Heidelberg, New York

RINSUM, A.v.(1950): Die Schwebstofführung der bayerischen Flüsse. Festschrift zum 50jährigen Bestehen der Bayerischen Landesstelle für Gewässerkunde, S. 103-10, München

SASSA, K.(1984): The mechanism to initiate debris flows as undrained shear of loose sediments (Der Porenwasserdruck als Auslösemechanismus von Muren in Lockersedimenten). Intern. Symp. Interpraevent, Bd. 2,S.73-89,Villach

SCHMIDT, C.W.(1918): Der Fluß. Leipzig

SCHMIDT, K.-H.(1981): Der Sedimenthaushalt der Ruhr. Z.f. Geomorphologie, Suppl. Bd.39, S.59-71, Berlin, Stuttgart

SCHRÖDER, W. und Chr. THEUNE (1984): Feststoffabtrag und Stauraumverlandung in Mitteleuropa. Die Wasserwirtschaft Nr. 74, H.7/8, S. 374-379, Stuttgart

SCHUNKE, E.(1981): Abfluß und Sedimenttransport in Island. Die Erde, 112.Jg., H.3-4, S.197-215

SCHWERTMANN, U., K. AUERSWALD und M. BERNARD (1983): Erfahrungen mit Methoden zur Abschätzung des Bodenabtrags durch Wasser. Geomethodica Vol. 8, Basel

SEILER, W.(1981): Der Einfluß der Bodenfeuchte auf das Erosionsverhalten und den Gesamtabfluß in einem kleinen Einzugsgebiet auf der Hochfläche von Anwil (Tafeljura, südöstl. Basel). Z.f. Geomorph., Suppl. Bd. 39, S.109-123, Berlin, Stuttgart

SMART, G.M. und M.N.R. JÄGGI (1983): Sedimenttransport in steilen Gerinnen. Mitt. d. Versuchsanstalt f. Wasserbau, Hydrologie und Glaziologie Nr. 64, ETH, Zürich

SOMMER, N.(1980): Untersuchungen über die Geschiebe- und Schwebstofführung und den Transport von gelösten Stoffen in Gebirgsbächen. Intern. Symp. Interpraevent, Bd. 2, S. 69-94, Bad Ischl

SONNTAG, R.(1978): Schwebstofführung und -zusammensetzung in bayerischen Flüssen. Diss. TU München

STAUBER, H.(1944): Wasserabfluß, Bodenbewegung und Geschiebetransport in unseren Berglandschaften. Wasser und Energiewirtschaft XXXVI, 36.Jg.

STINY, J.(1910): Muren. Innsbruck

TAKEI, A.(1984): Interdependence of sedimentbudget between individual torrents and a river system. Intern. Symp. Interpraevent, Bd. 2, S.35-49, Villach

TOEBES, C. und V. OURYVAEY (Hrsg.) (1970): Representative and experimental basins. An international guide for research and practice. Studies and reports in hydrology, 4, UNESCO, Paris

TSCHADA, H.(1975): Beobachtungen über die Geschiebefracht von Hochgebirgsbächen. Intern. Symp. Interpraevent, Bd. 2, S. 109-126, Innsbruck

VANONI, V.A.(Ed.)(1977): Sedimentation engineering. New York

VOGEL, M.: Geomorphologische Karte 1:10000 des Lainbach-Niederschlagsgebietes unter besonderer Berücksichtigung der hydrologischen Verhältnisse. Zulassungsarb. LA Gym., München

VORNDRAN, G.(1979): Geomorphologische Massenbilanzen. Augsb. Geogr. Hefte, Nr.1

WAGNER, O.(1985): Das Abflußverhalten in den Teileinzugsgebieten des Lainbachtales im Sommer. Münchener Geogr. Abh., Reihe B, H.1, S.61-81

WALLING, D.E.(1974): Suspended sediment and solute yields from a small catchment prior to urbanization. Inst.Brit. Geogr. Spec. Publ. No. 6, S.169-192

WALLING, D.E.(1977): Limitations of the rating curve technique for estimating suspended sediment loads, with particular reference to British rivers. IAHS No. 122, S. 34-51,Paris

WALLING, D.E.(1978): Reliability considerations in the evaluation and analysis of river loads. Z.f. Geomorph., Suppl. Bd. 29, S. 29-43, Berlin, Stuttgart

WALLING, D.E. und B.W. WEBB (1981): The reliability of suspended sediment load data. IAHS No. 133, S. 177-194, Florenz

WEISS, F.H.(1981): Schwebstoffmessungen in Bayern. DVWK 2. Fortbildungslehrgang f. techn. Hydraulik, Sedimenttransport in offenen Gerinnen, München-Neubiberg

WEISS, F.H.(1972): Statistische Auswertungen von Schwebstoffmessungen. Abschlußbericht zu einem Forschungsvorhaben der Bayerischen Landesstelle für Gewässerkunde, DFG gefördert, München

WHETTEN, J.T., J.C. KELLY und L.G. Hansen (1969): Characteristics of Columbia River sediment and sediment Transport. Journal of. Sed. Petr. 39, 3

WILHELM, F.(1986): Abschlußbericht des Sonderforschungsbereiches 81, Teilprojekt A 2 der TU München, Wasserhaushaltsuntersuchungen im Lainbachtal (in Vorbereitung)

WILHELM, F.(1975): Niederschlagsstrukturen im Einzugsgebiet des Lainbaches bei Benediktbeuern/Obb. Münchener Geogr. Abh., Bd. 15

WISCHMEIER, W.H. und D.D. SMITH (1963): Soil-loss estimation as a tool in soil and water management planning. IAHS, No. 59, S.148-159, Gentbrügge

WOHLRAB, B., W. SÜSSMANN und V. SOKOLLEK (1983): Einfluß land- und forstwirtschaftlicher Bodennutzung sowie von Sozialbrache auf die Wasserqualität kleiner Wasserläufe im ländlichen Mittelgebirgsraum. DVWK Nr. 57: Einfluß der Landnutzung auf den Gebietswasserhaushalt. Hamburg/Berlin

WUNDT, W.(1962): Zur Schwerstofführung der Flüsse und Abtragung des Landes. Die Wasserwirtschaft Jg. 52, H. 4, S. 107-112, Stuttgart

YAIR, A. und H. LAVEE (1981): An investigation of source areas of sediment transport by overland flow along arid hillslopes. IAHS No. 132, S.433-446, Christchurch

ZANKE, U.(1977): Neuer Ansatz zur Berechnung des Transportbeginns von Sedimenten unter Strömungseinfluß. Mitt. Franzius-Inst. f. Wasserbau, TU Hannover, 46, S.157-78

ZANKE, U.(1982): Grundlagen der Sedimentbewegung. Berlin,Heidelberg, New York

ZELLER, J.(1963): Einführung in den Sedimenttransport offener Gerinne. Schweizer Bauzeitung 81.Jg., H.34, S.597-602, H. 35, S. 620-626, H. 36, S. 629-634